职业院校校企"双元"合作电气类

U0180257

传感器技术及应用

主　编　刘文新　葛惠民

副主编　冯文俊　吴　萍　刘　宏

参　编　殷占生　李　明　仇苏永　薛　勇　刘鹏峰
　　　　吕伟珍　张　婷

机械工业出版社

本书共 6 个项目。项目一以 3 个任务驱动，介绍传感器基础认知，包括检测系统及其误差的基本知识；项目二以 5 个任务驱动，介绍温度测量，包括热电阻、热电偶、热敏电阻等测温传感器的工作原理及应用；项目三以 5 个任务驱动，介绍压力测量，包括弹簧管式、电阻应变式、压电式等压力传感器的工作原理及应用；项目四以 5 个任务驱动，介绍流量测量，包括涡街流量计、电磁流量计等常用流量计的工作原理及安装方法；项目五以 6 个任务驱动，介绍物位检测，包括电感式、电容式、霍尔式、光电式等接近开关的工作原理及应用；项目六以 2 个任务驱动，介绍湿度与气体成分测量，包括湿度传感器和气敏传感器两部分。本书配套工作页，方便学生学习。

本书适合作为中等职业学校机电、电气类专业课程的教材，也可作为相关行业培训班的培训教材及自学用书。

为方便教学，本书配套视频及动画资源（二维码），可供读者扫码观看，同时配套 PPT 课件、电子教案等资源，凡购买本书作为授课教材的教师可登录机工教育服务网 www.cmpedu.com，注册后免费下载。

图书在版编目（CIP）数据

传感器技术及应用 / 刘文新，葛惠民主编 . —北京：机械工业出版社，2023.8
职业院校校企"双元"合作电气类专业立体化教材
ISBN 978-7-111-73630-1

Ⅰ.①传… Ⅱ.①刘…②葛… Ⅲ.①传感器 – 中等专业学校 – 教材
Ⅳ.① TP212

中国国家版本馆 CIP 数据核字（2023）第 145022 号

机械工业出版社（北京市百万庄大街 22 号 邮政编码 100037）
策划编辑：赵红梅   责任编辑：赵红梅 杨晓花
责任校对：贾海霞 王 延 封面设计：马精明
责任印制：刘 媛
涿州市京南印刷厂印刷
2023 年 12 月第 1 版第 1 次印刷
184mm×260mm・15.25 印张・365 千字
标准书号：ISBN 978-7-111-73630-1
定价：47.00 元（含工作页）

电话服务   网络服务
客服电话：010-88361066   机 工 官 网：www.cmpbook.com
        010-88379833   机 工 官 博：weibo.com/cmp1952
        010-68326294   金 书 网：www.golden-book.com
封底无防伪标均为盗版   机工教育服务网：www.cmpedu.com

前　言

　　传感器技术是实现自动化的关键技术之一，在现代生产生活中的重要性已为人们所认识。针对近年来传感器新技术飞速发展的现状以及职业教育教学理念的发展，本书精选教学内容，采用归类编排方法，增强传感器教学的系统性、实用性，为读者提供较为全面的传感器知识。鉴于传感器种类繁多，涉及的学科广泛，不可能也没有必要对各种具体传感器逐一剖析。本书在编写中力求突出共性基础知识，对各类传感器侧重原理分析与实际应用，并适当编入设计内容。

　　本书编写过程中，坚持以项目为引领、以任务为驱动，以生活生产中的检测任务为主线，将知识点贯穿于任务中，简化了理论，避免了过多的公式推导和电路分析，力求内容简单明了，并且在原理、结构等内容旁边插入微视频，以提升学生对知识点的理解。

　　本书项目一以 3 个任务驱动，介绍传感器基础认知，包括检测系统及其误差的基本知识；项目二以 5 个任务驱动，介绍温度测量，包括热电阻、热电偶、热敏电阻等测温传感器的工作原理及应用；项目三以 5 个任务驱动，介绍压力测量，包括弹簧管式、电阻应变式、压电式等传感器的工作原理及应用；项目四以 5 个任务驱动，介绍流量测量，包括涡街流量计、电磁流量计等常用流量计的工作原理及安装方法；项目五以 6 个任务驱动，介绍物位检测，包括电感式、电容式、霍尔式、光电式等接近开关的工作原理及应用；项目六以 2 个任务驱动，介绍湿度与气体成分测量，包括湿度传感器和气敏传感器两部分。

　　为方便学习，本书配套工作页，同时还配套 PPT 课件、电子教案以及视频及动画资源，轻松实现线上线下互动学习。

　　本书由刘文新、葛惠民主编，冯文俊、吴萍、刘宏担任副主编，殷占生、李明、仇苏永、薛勇、刘鹏峰、吕伟珍、张婷参与了编写工作。在本书编写过程中，得到了许多学校领导、老师以及部分行业企业专家的指导及帮助，在此谨向他们表示衷心的感谢。

　　由于编者水平有限，书中难免存在疏漏和不足之处，恳请广大读者批评指正。

编　者

二维码索引

目　录

项目一 传感器的基础认知

项目描述

传感器在现代工业中不可或缺，它与现代科学技术的发展密不可分。本项目主要学习传感器的基本知识、特点、作用和组成，以及传感器的发展方向和测量误差等知识。

项目目标

通过本项目学习，了解什么是传感器，掌握传感器的构成及作用，了解传感器的分类及发展方向，掌握测量误差的基本概念与相关误差的计算。

任务一 认识传感器

任务目标

知识目标：

1. 了解生活中的传感器。
2. 了解传感器的基本作用。
3. 了解传感器的发展历史及趋势。

能力目标：

能辨别生活中的各类传感器。

素养目标：

1. 培养仔细观察、做好记录的习惯，掌握科学的学习方法。
2. 学会通过网络查阅资料，实现课堂学习举一反三，养成查阅资料的习惯。
3. 培养独立思考的习惯和合作学习的精神。

任务引入

现代科学技术与传感器技术联系非常紧密。传感器能检测到被测对象的信息，并能将信息按一定规律转换成电信号或其他形式的信息输出，以满足信息的传输、处理、存储、显示、记录和控制等要求。传感器使物体有了触觉、味觉和嗅觉，让物体"活"了起来。图 1-1 所示为各类常见的传感器。

温度传感器　　超声波传感器　　　　霍尔式传感器

压力传感器　　磁敏传感器　　气敏传感器　　　压电传感器

图 1-1　各类常见的传感器

 知识解析

　　传感器是利用各种物理、化学效应以及生物效应实现非电量到电量转换的装置或器件。传感器在现代科学技术、工农业生产和日常生活中都起着不可替代的作用，是衡量一个国家科学技术发展水平的重要标志，有极其重要的地位。传感器能够感受外界信息，并将其转换成为电信号，其感受外界信息的过程也称为检测过程。传感器的转换作用如图 1-2 所示。

物理量　　　　　　　　　　　　　　　电信号

图 1-2　传感器转换作用示意图

　　传感器作为现代社会发展中必不可少的器件，尤其是在信息化的 21 世纪，更不可或缺。传感器的应用领域也非常广泛，包括计算机、生产自动化、电子信息、军事、交通、化学、环保、能源、海洋开发、遥感、宇航等。下面简单介绍一些常用的传感器。

一、传感器在生活中的应用

1. 传感器在家用电器中的应用

　　全自动洗衣机通过水位开关与电磁进水阀配合控制进水、排水以及电动机通断，从而实现自动控制。电磁进水阀起着通、断水源的作用。脱水时采用压电传感器。当脱水桶高速旋转时，从脱水桶喷射出来的水作用于压电传感器上，压电传感器根据作用的压力变化，自动停止脱水运转。衣物的脏污程度是通过水的透明度来判断的。在洗衣桶的排水口处加一红外光电传感器，使红外光通过水进入另一侧的接收管。若水的透明度低，接收管获得的光能小，说明衣物较脏，如图 1-3 所示。

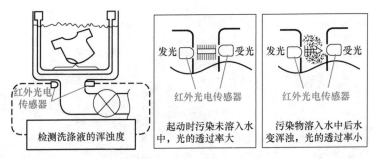

发光　受光　红外光电传感器　发光　受光　红外光电传感器

红外光电传感器

检测洗涤液的浑浊度

起动时污染未溶入水中，光的透过率大

污染物溶入水中后水变浑浊，光的透过率小

图 1-3　洗衣机洗涤液浑浊度检测示意图

吸尘器中使用了风压传感器与硅压力传感器。风压传感器由风压板和可变电阻器等构成，可用于检测吸尘风量，对于清扫床、薄垫和地毯等不同场合，通过检测值跟基准设计值比较，经相位控制电路将电动机转速控制在能获得各自所需的最佳风量档位上，以达到最佳清扫效果。除此以外，传感器在电磁炉、自动电饭锅、空调器、电子热水器、热风取暖器、风干器、报警器、电风扇、游戏机、电子驱蚊器、洗碗机、照相机、电冰箱、彩色及平板电视机、录像机、录音机、收音机、影碟机及家庭影院等方面得到了广泛的应用。

2. 传感器在智能家居系统中的应用

智能家居通过综合采用先进的计算机、通信和控制技术，建立了一个以住宅为平台，兼备建筑、网络通信、信息家电、设备自动化，集系统、结构、服务、管理为一体的高效、舒适、安全、便利、环保的居住环境。诸如温度传感器、湿度传感器、烟感探测传感器等各种类型的传感器广泛应用于智能家居系统，使智能家居集成了家电控制、居住环境监测、防盗报警等多种功能，从而实现了全面的安全防护、便利的通信网络以及舒适的居住环境。在科技高速发展的今天，智能家居已经逐渐走进大众生活，为家居生活带来了极大的便利。传感器在智能家居系统中的应用示意图如图 1-4 所示。

温度传感器可以探测室内温度，还可以通过联动空调实现室温自动调节，保证室温恒定。湿度传感器可以探测室内湿度，还可以联动加湿器或除湿机实现室内湿度自动调节。水浸传感器可以感知室内是否漏水，通过联动电控阀门可以实现漏水自动关水阀功能。烟雾和气体传感器都属于气体探测器，通过联动电控阀门和开窗器，可以实现燃气泄漏时自动关闭气阀并开窗通风的功能。红外传感器可以侦测人的移动，配合监控使用可以实现非法闯入自动抓拍并报警等功能。门窗磁性传感器一般用在门或窗上，它们可以感应门、窗的开关，配合安防系统使用，可以防止非法入侵。智能家居系统中的传感器就像是智能家居的感官系统，有了它们的帮助，才能实现家居智能化。

3. 传感器在汽车上的应用

随着汽车制造技术的发展，汽车电子化程度不断提高，车用传感器作为汽车电控系统的关键部件，其优劣直接影响到系统的性能。目前，普通汽车上大约装有几十到近百只传感器，豪华轿车上则更多，这些传感器主要分布在发动机控制系统、底盘控制系统和车身控制系统中。传感器在汽车上的应用如图 1-5 所示。

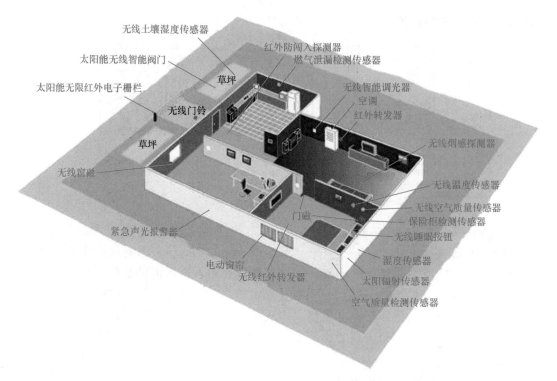

图 1-4　智能家居系统中的各种传感器

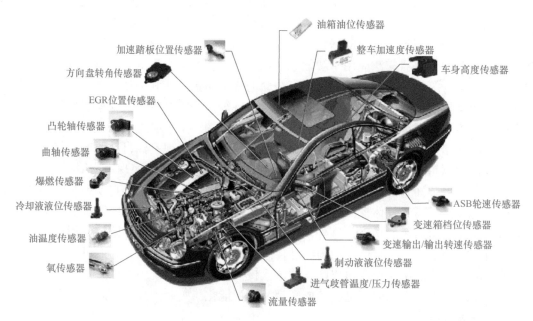

图 1-5　传感器在汽车上的应用

　　车用传感器有很多种类，其中包括温度传感器、压力传感器、旋转传感器、流量传感器、位置传感器、浓度传感器、爆燃传感器等。这类传感器是整个车用传感器的核心，利用它们可提高汽车发动机动力性能、降低油耗、减少废气、反映故障等，由于其工作在发动机振动、汽油蒸气、污泥、水花等恶劣环境中，因此这类传感器的耐恶劣环境技术指标要高于一般的传感器。

4. 传感器在医疗上的应用

随着医用电子学的发展，应用医用传感器可以对人体的表面和内部温度、血压及腔内压力、血液及呼吸流量、肿瘤、血液分析、脉波及心音、心脑电波等进行高难度的诊断。显然，传感器对促进医疗技术的高度发展起着非常重要的作用。传感器在医疗上的应用如图 1-6 所示。

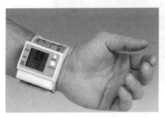 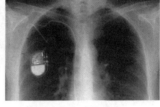

a) 电子血压计　　　　　　　　b) 植入式传感器

图 1-6　传感器在医疗上的应用

5. 传感器在机器人上的应用

目前，在劳动强度大或危险作业的场所，已逐步使用机器人取代人的工作。一些高速度、高精度的工作，由机器人来承担非常合适。但这些机器人多数是用来进行加工、组装、检验等工作，属于生产用的自动机械式的单能机器人。在这些机器人身上仅采用了检测臂的位置和角度的传感器。传感器在机器人上的应用如图 1-7 所示。

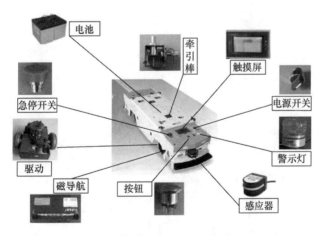

电池　牵引棒　触摸屏　急停开关　电源开关　驱动　磁导航　按钮　感应器　警示灯

图 1-7　传感器在机器人上的应用

要使机器人的功能和人更为接近，以便从事更高级的工作，要求机器人能有判断能力，这就要给机器人安装物体检测传感器，特别是视觉传感器和触觉传感器，使机器人通过视觉对物体进行识别和检测，通过触觉对物体产生压觉、力觉、滑动感觉和重量感觉。如图 1-8 所示，为了使机器人的机械手具有感觉，在手掌和手指上都安装带有弹性触点的触敏元件（传感器）。如果要感知冷暖，还可以装上热敏元件。当触及物体时，触敏元件发出接触信号。在各指节的连接轴上装有精巧的电位器，它能把手指的弯曲角度转换成外形弯曲信息。把外形弯曲信息和各指节产生的接触信息一起送入计算机，再通过计算就能迅速判断机械手所抓物体的形状和大小。

图 1-8　机器人手指的感觉

6. 传感器在军事领域的应用

传感器在军事上的应用极为广泛，可以说无时不用、无处不用。大到星体、两弹、飞机、舰船、坦克、火炮等装备系统，小到单兵作战武器；从参战的武器系统到后勤保障；从军事科学试验到军事装备工程；从战场作战到战略、战术指挥；从战争准备、战略决策到战争实施，传感器遍及整个作战系统及战争的全过程，而且必将在未来的高科技战争中促使作战的时域、空域和频域扩大，更加影响和改变作战的方式和效率，大幅度提高武器的威力和作战指挥及战场管理能力。

二、传感器的发展历史及趋势

1. 传感器的发展历史

传感器技术的发展大体可分为 3 代，如图 1-9 所示。

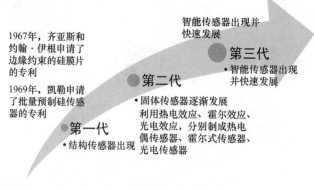

图 1-9　传感器的发展历史

第一代是结构传感器，它利用结构参量变化来感受和转化信号。如电阻应变式传感器利用金属材料发生弹性形变时电阻的变化来转化电信号。

第二代是固体传感器，这种传感器由半导体、电介质、磁性材料等固体元件构成，它利用材料的某些特性。如利用热电效应、霍尔效应、光敏效应，分别制成热电偶传感器、霍尔式传感器、光敏传感器等。

20 世纪 70 年代后期，随着集成技术、分子合成技术、微电子技术及计算机技术的发展，出现了集成传感器，如电荷耦合器件（CCD），集成温度传感器 AD590 集成霍尔式传感器 UGN3501 等。这类传感器主要具有成本低、可靠性高、性能好、接口灵活等特点。集成传感器发展非常迅速，现已占据传感器市场的 2/3 左右，它正向着低价格、多功能和系列化方向发展。

第三代是智能传感器，其对外界信息具有一定检测、自诊断、数据处理以及自适应能力，是微型计算机技术与检测技术相结合的产物。20 世纪 80 年代，智能化测量主要以微处理器为核心，把传感器信号调节电路、微型计算机、存储器及接口集成到一块芯片上，使传感器具有一定的人工智能。20 世纪 90 年代，智能化测量技术有了进一步的提高，在传感器功能上实现智能化，使其具有自诊断功能、记忆功能、多参量测量功能以及联网通信功能等。

2. 传感器的发展趋势

近年来，传感器正处于传统型向新型传感器转型的发展阶段。新型传感器的特点是微型化、数字化、智能化、多功能化、系统化、网络化，它不仅促进了传统产业的改造，而且可导致建立新型工业，是 21 世纪新的经济增长点。微型化是建立在微电子机械系统（MEMS）技术基础上的。微电子机械加工技术包括体微机械加工技术、表面微机械加工技术、LIGA 技术（X 光深层光刻、微电铸和微复制技术）、激光微加工技术和微型封装技术等。MEMS 的发展，把传感器的微型化、智能化、多功能化和可靠性水平提高到了新的高度。除 MEMS 外，新型传感器的发展还有赖于新型敏感材料、敏感元件和纳米技术，如新一代光纤传感器、超导传感器、焦平面陈列红外探测器、生物传感器、纳米传感器、新型量子传感器、微型陀螺、网络化传感器、智能传感器、模糊传感器、多功能传感器等。

案例分析

传感器在无人机中的应用

图 1-10 为常见的一款无人机。无人机是一种电动型无人航空器（UAV），市面上的主流产品为超过 4 个以上的多螺旋桨型无人机，因此也被称为多旋翼无人机。因其飞行稳定性和悬停性能卓越，促进了鸟瞰摄影和视频发展，已经成为全球热门商品。

无人机与遥控型旋翼机等的不同之处是，无人机是搭载有各种传感器和被称为飞行操纵器软件的自主飞行型无人航空器。无人机使用 GPS 等导航功能，持续获取自身的位置信息，边回避可视范围内外的障碍物边飞行，并自动返航；更可通过连接网络，在网络云盘上共享多台无人机的数据，通过 AI 解析进行有效的信息运用。目前，无人机的市场规模和范围持续蓬勃发展，新应用程序不断涌现。无人机的应用也越来越普遍，如运送邮件或包裹、为儿童和老年人提供娱乐、安全监控、农业或工业管理，也开辟了航空摄影的新视野。这种普遍应用背后的关键因素之一便是无人机使用了高性能微机电系统传感器。

微机电系统（Micro-Electro-Mechanical System，MEMS），也称为微电子机械系统、微系统、微机械等，指尺寸为几毫米乃至更小的高科技装置。微机电系统的内部结构一般在微米甚至纳米量级，是一个独立的智能系统。图 1-11 是 MEMS 传感器的大小。

图 1-10　无人机

图 1-11　MEMS 传感器的大小

微机电系统是集微传感器、微执行器、微机械结构、微电源、微能源、信号处理和控制电路、高性能电子集成器件、接口、通信等于一体的微型器件或系统。MEMS 是一项革命性的新技术，广泛应用于高新技术产业，是一项关系到国家的科技发展、经济繁荣和国防安全的关键技术。

常见的 MEMS 产品包括 MEMS 加速度计、MEMS 麦克风、微电动机、微泵、微振子、MEMS 光学传感器、MEMS 压力传感器、MEMS 陀螺仪、MEMS 湿度传感器、MEMS 气体传感器等，以及它们的集成产品。图 1-12 为 MEMS 隐形眼镜，可以进行显像和拍摄等；图 1-13 是医疗中用的一种胶囊内镜，可用于消化系统拍照检查等。

图 1-12　MEMS 隐形眼镜

图 1-13　MEMS 胶囊内镜

 思考与练习

一、填空题

1. 传感器是利用各种_____、_____效应以及_____效应实现非电量到电量转换的装置或器件。

2. 传感器主要应用在_____、_____、_____、_____和_____等领域。

3.第一代传感器是_____，第二代传感器是_____和_____，第三代传感器是_____。

二、判断题

1.传感器相当于人的五官，所以也被称为"电五官"。　　　　　　　（　　）

2.传感器在日常生活中应用很少，所以不太常用。　　　　　　　　（　　）

3.最早开发也是应用最广的一类传感器是温度传感器。　　　　　　（　　）

4.传感器在科学技术领域、工农业生产以及日常生活中发挥着越来越重要的作用。

　　　　　　　　　　　　　　　　　　　　　　　　　　　　　（　　）

三、简答题

1.通过观察，说一说日常生活中还有哪些使用传感器的设备或电器？请举例说明。

2.从工业控制设备的技术资料或家用电器的说明书中搜集传感器使用的相关知识。

任务二　传感器及其组成

 **任务目标**

知识目标：

1.了解传感器的基本概念。

2.了解传感器的构成及分类。

3.了解传感器的基本特性。

能力目标：

1.能辨别各类传感器的基本结构。

2.能辨别一般传感器的选用条件。

素养目标：

1.培养独立思考的习惯。

2.培养小组协调能力和合作学习的精神。

任务引入

随着智能电器、智能手机的普及，传感器技术也融入了日常生活，如图1-14所示。如电冰箱中的温度传感器、手机中的声音传感器，用于监视煤气泄漏的气敏传感器、监视火灾的烟雾传感器，用于防盗报警的光电传感器等；在机械制造业中，安装在机床上用于监测加工精度、切削速度、床身振动等静态、动态参数的传感器；在化工等行业中，用于监测温度、压力、流量等参数的传感器等。本次任务将共同学习传感器的基本概念、构成及分类、基本特性等基础知识。

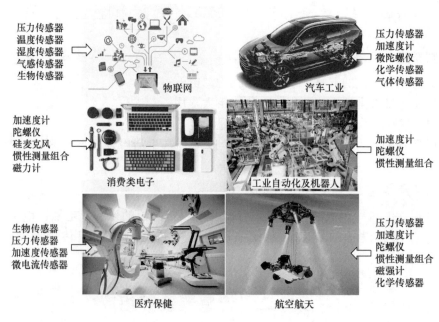

图 1-14　各种类型的传感器

一、传感器的定义及组成

1. 传感器的定义

GB/T 7665—2005 定义传感器为：能感受规定的被测量并按照一定的规律转换成可用输出信号的器件或装置。或者说，传感器是利用各种物理、化学效应以及生物效应实现非电量到电量转换的装置或器件。

2. 传感器的组成

传感器通常由敏感元件、传感元件和测量转换电路构成，如图 1-15 所示。其中，敏感元件是指传感器中能直接感受被测量的部分，传感元件（也称转换元件）指传感器中能将敏感元件输出的非电量信号转换为适于传输和测量的电信号的元器件。由于传感器输出的信号一般都很微弱，需要有测量转换电路将其放大或转化为容易传输、处理、记录和显示的形式。

图 1-15　传感器的组成

传感器的输出信号有很多种形式，如电压、电流、频率、脉冲等，输出信号的形式由传感器的原理确定。常见的测量转换电路有放大器、电桥、振荡器、电荷放大器等，它们分别与相应的传感器相配合。

实际上有些传感器很简单，有些则较复杂。最简单的传感器由一个敏感元件（兼传感元件）组成，当它感受被测量时直接输出电量，如热电偶温度传感器。两种不同的金属材料 A 和 B，一端连接在一起，放在被测温度 T 中，另一端为参考温度 T_0，则在回路中将产生一个与温度 T、T_0 有关的电动势，从而实现温度测量。

在某些领域，也将传感器称为变换器、检测器或探测器等。应该说明的是，并不是所有的传感器都能明显分为敏感元件、传感元件和测量转换电路三个部分，它们可能是三者合为一体。随着半导体器件与集成技术在传感器中的应用，传感器的测量转换电路可以安装在传感器的壳体里或与敏感元件一起集成在同一芯片上。如半导体气体传感器、湿度传感器等，它们一般都是将感受的被测量直接转换为电信号，没有中间环节。

二、传感器的分类

1. 按工作原理分类

传感器按工作原理可分为参量传感器、发电传感器、脉冲传感器及特殊传感器。其中，参量传感器有触点传感器、电阻传感器、电感传感器、电容传感器等；发电传感器有光电池、热电偶传感器、压电式传感器、磁电式传感器等；脉冲传感器有光栅、磁栅、感应同步器、码盘等；不属于以上三种类型的传感器为特殊传感器，如超声波探测器、红外探测器、激光检测装置等。

这种分类方法的优点是可以把传感器按工作原理分门别类地归纳起来，避免名目过多，且较为系统。

2. 按被测量性质分类

传感器按被测量性质可分为机械量传感器、热工量传感器、成分量传感器、状态量传感器、探伤传感器等。其中，机械量传感器检测力、长度、位移、速度、加速度等；热工量传感器检测温度、压力、流量等；成分量传感器检测各种气体、液体、固体化学成分等，如检测燃气泄漏的气敏传感器；状态量传感器检测设备运行状态，如由干簧管、霍尔元件制成的各种接近开关；探伤传感器检测金属制品内部的气泡和裂纹、人体内部器官的病灶等，如超声波探伤探头、CT 探测器等。

这种分类方法对使用者比较方便，容易根据测量对象的性质来选择所需要的传感器。

3. 按输出量种类分类

传感器按输出量种类可分为模拟式传感器和数字式传感器。模拟式传感器输出与被测量呈一定关系的模拟信号，如果需要与计算机配合或用数字显示，还必须经过模 / 数转换电路。数字式传感器输出的数字量，可直接与计算机连接或用数字显示，读取方便，抗干扰能力强。

传感器常常按工作原理及被测量性质两种分类方式组合进行命名。如电感式位移传感器、光电式转速计、压电式加速度计等。这种命名使被测量与传感器的工作原理一目了然，便于使用者正确选用。

三、传感器的基本特性

1. 传感器的静态特性

传感器的静态特性是指对静态的输入信号，传感器的输出量与输入量之间所具有的相互关系。因为这时输入量和输出量都和时间无关，所以它们之间的关系，即传感器的静态特性，可用一个不含时间变量的代数方程，或以输入量作为横坐标、以与其对应的输出量作为纵坐标而画出的特性曲线来描述。表征传感器静态特性的主要参数有线性度、灵敏度、分辨力和迟滞等。

（1）线性度

通常情况下，传感器的实际输出静态特性是一条曲线而非直线。在实际工作中，为使仪表具有均匀刻度的读数，常用一条拟合直线近似地代表实际的特性曲线，线性度（非线性误差）就是这种近似程度的一个性能指标。

拟合直线的选取有多种方法。如将零输入和满量程输出点相连的理论直线作为拟合直线；或将与特性曲线上各点偏差的二次方和为最小的理论直线作为拟合直线，此拟合直线称为最小二乘法拟合直线。

（2）灵敏度

灵敏度是指传感器在稳态工作情况下输出量变化 Δy 对输入量变化 Δx 的比值。它是输出 – 输入特性曲线的斜率。如果传感器的输出和输入之间呈线性关系，则灵敏度 S 是一个常数。否则，它将随输入量的变化而变化，可表示为

$$S = \frac{\Delta y}{\Delta x} = \frac{\mathrm{d}y}{\mathrm{d}x}$$

灵敏度的量纲是输出、输入量的量纲之比。如某位移传感器，在位移变化 $1\mathrm{mm}$ 时，输出电压变化为 $200\mathrm{mV}$，则其灵敏度应表示为 $200\mathrm{mV/mm}$。

当传感器的输出、输入量的量纲相同时，灵敏度可理解为放大倍数。

提高传感器的灵敏度，可得到较高的测量精度。但灵敏度越高，测量范围越窄，稳定性也往往越差。

（3）分辨力

分辨力是指传感器可能感受到的被测量的最小变化的能力。也就是说，如果输入量从某一非零值缓慢地变化，当输入变化值未超过某一数值时，传感器的输出不会发生变化，即传感器对此输入量的变化无法分辨，只有当输入量的变化超过分辨力时，其输出才会发生变化。

通常传感器在满量程范围内各点的分辨力并不相同，因此常用满量程中能使输出量产生阶跃变化的输入量中的最大变化值作为衡量分辨力的指标。上述指标若用满量程的百分比表示，则称为分辨率。

（4）迟滞

迟滞特性表征传感器在正向（输入量增大）和反向（输入量减小）行程间输出 – 输入特性曲线不一致的程度，通常用这两条曲线之间的最大差值 $\Delta H_{\max}$ 与满量程输出 y_0 的百分比表示，即

$$\gamma_{\text{H}} = \pm\frac{1}{2}\frac{\Delta H_{\max}}{y_0} \times 100\%$$

式中，$\Delta H_{\max}$ 为正反行程输出值的最大差值。

传感器的迟滞特性如图 1-16 所示。

迟滞现象的主要原因是传感器的机械部分不可避免地存在着间隙、摩擦与松动。它也可由传感器内部元件存在能量的吸收造成。

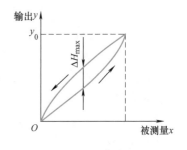

图 1-16 传感器的迟滞特性

2. 传感器的动态特性

所谓动态特性，是指传感器在输入变化时的输出特性。在实际工作中，传感器的动态特性常用它对某些标准输入信号的响应来表示。这是因为传感器对标准输入信号的响应容易用实验方法求得，并且它对标准输入信号的响应与它对任意输入信号的响应之间存在一定关系，往往知道了前者就能推定后者。最常用的标准输入信号有阶跃信号和正弦信号两种，所以传感器的动态特性也常用阶跃响应和频率响应来表示。

四、传感器的选用原则

现代传感器在原理与结构上千差万别，如何根据具体的测量目的、测量对象以及测量环境合理地选用传感器，是在进行某个量的测量时首先要解决的问题。当传感器确定之后，与之相配套的测量方法和测量设备也就可以确定了。测量结果的优劣，在很大程度上取决于传感器的选用是否合理。

1. 根据测量对象与测量环境确定传感器的类型

要进行一个具体的测量工作，首先要考虑选用哪种原理的传感器，这需要分析多方面的因素之后才能确定。因为，即使是测量同一物理量，也有多种原理的传感器可供选用，哪种原理的传感器更为合适，则需要根据被测量的特点和传感器的使用条件考虑以下具体问题：量程的大小；被测位置对传感器体积的要求；测量方式为接触式还是非接触式；信号的引出方法，有线或是非接触测量；传感器的来源，国产还是进口，价格能否承受。在考虑上述问题之后就能确定传感器的类型，然后再考虑传感器的具体性能指标。

2. 灵敏度的选择

通常，在传感器的线性范围内，希望传感器的灵敏度越高越好。因为只有灵敏度高时，与被测量变化对应的输出信号的值才比较大，有利于信号处理。但要注意的是，传感器的灵敏度高，与被测量无关的外界噪声也容易混入，会被放大系统放大，影响测量精度。因此，要求传感器本身应具有较高的信噪比，尽量减少从外界引入的干扰信号。传感器的灵敏度有方向性。当被测量是单向量，而且对其方向性要求较高时，应选择其他方向灵敏度低的传感器；如果被测量是多维向量，则要求传感器的交叉灵敏度越低越好。

3. 频率响应特性

传感器的频率响应特性决定了被测量的频率范围，必须在允许频率范围内保持不失真的测量条件。实际上传感器的响应总有一定延迟，希望延迟时间越短越好。传感器的频率响应高，可测的信号频率范围就宽，而由于受到结构特性的影响，机械系统的惯性较大，因此频率低的传感器可测信号的频率较低。在动态测量中，应根据信号的频率响应特性，以免产生过大的误差。

4. 线性范围

传感器的线性范围是指输出与输入成正比的范围。理论上讲，在此范围内，灵敏度保持定值。传感器的线性范围越宽，则其量程越大，并且能保证一定的测量精度。在选择传感器时，当传感器的类型确定以后，首先要看其量程是否满足要求。但实际上，任何传感器都不能保证绝对的线性，其线性度也是相对的。当所要求测量精度比较低时，在一定的范围内，可将非线性误差较小的传感器近似看作线性，这会给测量带来极大的方便。

5. 稳定性

传感器使用一段时间后，其性能保持不变化的能力称为稳定性。影响传感器长期稳定性的因素除传感器本身结构外，主要是传感器的使用环境。因此，要使传感器具有良好的稳定性，传感器必须要有较强的环境适应能力。在选择传感器之前，应对其使用环境进行调查，并根据具体的使用环境选择合适的传感器，或采取适当的措施减小环境的影响。传感器的稳定性有定量指标，在超过使用期后，在使用前应重新进行标定，以确定传感器的性能是否发生了变化。在某些要求传感器能长期使用而又不能轻易更换或标定的场合，所选用的传感器稳定性要求更严格，要能够经受住长时间的考验。

6. 测量精度

精度是传感器的一个重要的性能指标，它是关系到整个测量系统测量精度的一个重要因素。传感器的精度越高，其价格越昂贵，因此，传感器的精度只要满足整个测量系统的精度要求即可，不必选得过高。这样就可以在满足同一测量目的的诸多传感器中选择比较经济和简单的传感器。如果测量目的是定性分析，选用重复精度高的传感器即可，不宜选用绝对量值精度高的传感器；如果是为了定量分析，必须获得精确的测量值，就需选用准确度等级能满足要求的传感器。对某些特殊使用场合，无法选到合适的传感器，则需自行设计制作传感器。自制传感器的性能应满足使用要求。

案例分析

传感器在手机中的应用

如图 1-17 所示为一款常见的智能手机。智能手机自推出以来，其内置传感器逐渐增多，传感器所能实现的功能也日益多样化，极大地满足了用户对智能手机的功能需求，从依赖于重力传感器的各种游戏，到依靠距离传感器实现的通话灭屏，再到指南针功能下的电子罗盘等，一个小小的智能手机以各种传感器为依托实现了许多有趣的功能。

图 1-17 智能手机

智能手机上基本的传感器有触摸屏传感器、距离传感器、光线传感器、陀螺仪传感器、重力传感器、加速度传感器、磁场传感器、图像传感器等。

1. 触摸屏传感器

现在的手机大部分用的是触摸屏，通过触摸屏可以方便地实现点击确认、内容切换、翻页、手写输入等多种人机交互功能。目前手机常用的触摸屏有两类：一类是电容式触摸屏，另一类是电阻式触摸屏。

电阻式触摸屏是一种传感器，它将矩形区域中触摸点 (X, Y) 的物理位置转换为代表 X 坐标和 Y 坐标的电压。电阻式触摸屏的工作原理主要是通过压力感应原理来实现对屏幕内容的操作和控制，如图 1-18 所示。

电容式触摸屏是在触摸屏四边均镀上狭长的电极，从而在导电体内形成一个低电压交流电场。在触摸屏幕时，由于人体电场、手指与导体层间会形成一个耦合电容，四边电极发出的电流会流向触点，而电流强弱与手指到电极的距离成正比，位于触摸屏幕后的控制器便会计算电流的比例及强弱，准确算出触摸点的位置，其工作原理如图 1-19 所示。

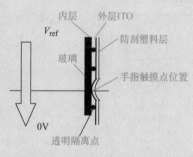

图 1-18　电阻式触摸屏工作原理

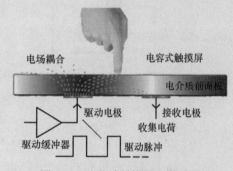

图 1-19　电容式触摸屏工作原理

2. 距离传感器

用触摸屏手机接听电话时，当手机移动到耳边时，屏幕自动锁定，防止脸部碰到屏幕引起误操作，同时手机屏幕灯会自动熄灭，节省电能。当通完电话拿开手机时，屏幕灯会自动开启，并且自动解锁。这个功能的实现利用了距离传感器，一般用红外光脉冲传感器。距离传感器是通过测时间来实现测距离的，即通过发射特别短的光脉冲，并测量此光脉冲从发射到被物体反射回来的时间来计算手机与物体之间的距离。

3. 光线传感器

光线传感器在手机上有两个应用。一个是用在手机拍照的感光器件上，与数码相机一样，一般手机镜头的感光器件是 CMOS 传感器，如图 1-20 所示。光线传感器的第二个应用是用来探测环境的亮度。手机自动根据所处环境的光线来控制屏幕的亮度和键盘灯的开关，一般用光电晶体管，如图 1-21 所示。

光线传感器由两个组件即投光器和受光器组成，它利用投光器将光线由透镜聚焦，经传输至受光器的透镜，再至接收感应器，接收感应器将收到的光线信号转变成电信号，此电信号可进一步完成各种不同的开关及控制动作。其基本原理即对投光器与受光器间的光线做遮蔽动作，应用所获得的光线信号完成各种自动化控制。

图 1-20　CMOS 传感器

图 1-21　光电晶体管

光电晶体管的结构如图 1-22 所示。为适应光电转换的要求，它的基区面积做得较大，发射区面积做得较小，入射光主要被基区吸收。与光电二极管一样，管子的芯片被装在带有玻璃透镜的金属管壳内，当光照射时，光线通过透镜集中照射在芯片上。

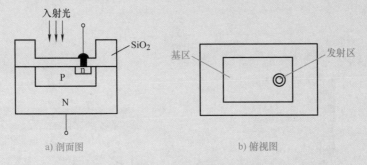

a) 剖面图　　　　　　　　　b) 俯视图

图 1-22　光电晶体管的结构

手机上的光线传感器和距离传感器如图 1-23 所示。

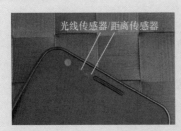

图 1-23　手机上的光线传感器和距离传感器

4. 陀螺仪传感器

从 2010 年 iPhone 4 手机首次引入陀螺仪后，手机游戏便发生了翻天覆地的变化。此前，陀螺仪技术更多地被应用于飞机中，以充分保持飞行平衡。陀螺仪技术在智能手机、游戏中的展现主要得益于 MEMS 应用半导体技术的发展，这是一种能制作极小机械构造的微型加工技术。总的来看，MEMS 三重陀螺仪和 MEMS 三轴加速度计有着精准、小巧、成本低廉的特点。

陀螺仪是用于测量或维持方向的设备，基于角动量守恒原理，能判断物体在空间的相对位置、方向、角度以及水平变化，最终根据用户的动作输出相对应的指令。在手机上，仅用加速度计无法测量或重构出完整的 3D 动作，测不到转动的动作，而陀螺仪可以对转动、偏转动作进行很好的测量，这样就可以精确分析、判断使用者的实际动作，然后根据动作对手机进行相应的操作。陀螺仪传感器如图 1-24 所示。

a) 普通陀螺仪   b) 陀螺仪传感器

图 1-24   陀螺仪传感器

陀螺仪在手机上的应用如下：

1）动作感应，即通过小幅度的倾斜、偏转手机，实现菜单、目录的选择和操作的执行。

2）拍照时的图像稳定，防止手的抖动对拍照质量的影响。

3）GPS 的惯性导航，即当汽车行驶到隧道或城市高大建筑物附近没有 GPS 信号时，可以通过陀螺仪来测量汽车的偏航或直线运动位移，从而继续导航。

4）通过动作感应控制游戏。目前手机中采用了三轴陀螺仪，玩游戏时，可以完全摒弃以前通过方向按键来控制游戏的操控方式，只需通过移动手机相应的位置，即可达到改变方向的目的，从而使游戏体验更加真实、操作更加灵活，如图 1-25 所示。

5. 重力传感器

重力传感器是由苹果公司率先开发的一种器件，目前已应用到了几乎所有智能手机中。重力传感器的其中一个应用是当把手机从竖着拿变为横着拿时，页面内容就会自动从竖屏显示变换为横屏显示，方便浏览，极具人性化。重力传感器一般利用压电式传感器实现。

手机上的陀螺仪和重力传感器如图 1-26 所示。

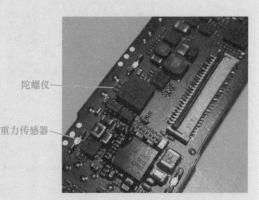

陀螺仪

重力传感器

图 1-25   利用三轴陀螺仪进行体感控制的游戏   图 1-26   手机上的陀螺仪和重力传感器

6. 加速度传感器

加速度传感器也称运动传感器。多数加速度传感器根据压电效应原理工作，利用其内部由于加速度造成的晶体变形产生电压，计算产生电压和所施加的加速度之间的关系，就可以将加速度转化成电压输出。

手机中的加速度传感器及其工作原理如图 1-27 所示。

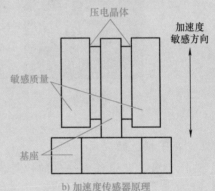

a) 手机中的加速度传感器   b) 加速度传感器原理

图 1-27　手机中的加速度传感器及其工作原理

加速度传感器在智能手机中的应用：用来检测角度；用于记步器，检测并记录走路或跑步的步数，从而计算路程；可使手机具有应急报警功能；可与磁力传感器结合实现更强大的功能，如空间透视技术。

7. 磁场传感器

磁场传感器也称电子罗盘，是利用地磁场来确定北极的一种方法。磁场传感器的核心元件是各向异性磁阻传感器，磁阻传感器为罗盘的数字化提供了有力的帮助。要实现电子罗盘功能，需要一个检测磁场的三轴磁场传感器和一个三轴加速度传感器。

磁场传感器在手机中的应用如图 1-28 所示。

图 1-28　磁场传感器在手机中的应用

8. 图像传感器

图像传感器又称感光器件，主要应用于手机摄像头，是一种将光学图像转换成电子信号的设备，广泛应用于数码相机、手机和其他电子光学设备中。近年来，随着智能手机和图像处理技术的发展，使图像传感器有了更广阔的应用空间，如名片识别、面部识别等。

CMOS 图像传感器及其内部结构如图 1-29 所示。

图 1-29　CMOS 图像传感器及其内部结构

思考与练习

一、填空题

1. 传感器通常由_____、_____、_____构成。

2. 传感器的输出信号有很多形式，如电压、_____、频率、_____等，输出信号的形式由_____决定。常见的测量转换电路有_____、电桥、振荡器、电荷放大器等，它们分别与相应的传感器配合。

3. 传感器也可以称为_____、_____或探测器等。

4. 数字式传感器输出的是_____，可直接与计算机连接或用数字显示，读取方便，抗干扰能力强。

5. 静态特性是指输入的被测量不随时间变化或随时间变化缓慢时，传感器的_____与_____的关系。它主要有_____、_____、分辨力、迟滞等。

二、判断题

1. 并不是所有的传感器都能明显分清敏感元件、传感元件和测量转换电路三个部分，它们可能是三者合为一体。　　　　　　　　　　　　　　　　（　　）

2. 分辨力越小，表明传感器检测非电量的能力越弱。　　　　　　　（　　）

3. 灵敏度是指传感器在稳态工作情况下，传感器输出量增量 Ay 与被测量增量 Ax 的比值。　　　　　　　　　　　　　　　　　　　　　　　　　　（　　）

4. 转换部分是指传感器中能直接感受被测量的部分。　　　　　　　（　　）

三、简答题

1. 传感器由哪几部分组成？其各自的作用是什么？

2. 简述传感器的分类方法。

3. 简述传感器的基本特性。

4. 传感器的选用原则是什么？

任务三 测量误差与分析处理

任务目标

知识目标：

1. 了解测量误差的表示方法。
2. 了解测量误差的来源。
3. 了解测量误差的分类。

能力目标：

1. 理解减小随机误差、系统误差及剔除粗大误差的方法。
2. 掌握测量数据的综合处理。

素养目标：

1. 学习过程中要善于发现问题，逐步培养解决问题的能力。
2. 学习过程中要培养勤学苦练、精益求精的工匠精神。

任务引入

在实际测量时，由于测量方法和设备的差异、周围环境的影响以及人们认知能力的限制等因素，使得测量值与真值之间不可避免地存在着差异。任何测量都不可能绝对准确，都存在误差，只要误差在允许范围内即可认为符合标准，传感器也不例外。所谓传感器的测量误差，即传感器的输出值与理论值的差值。因此，传感器允许有误差，但必须在规定范围之内。为了使传感器满足一定的精度要求，需要掌握误差的种类，分析误差的原因，学习误差的处理方法。

知识解析

一、测量误差的表示方法

（1）测量值

人们借助专门的测量装置，通过合适的实验方法，把被测对象直接或间接地与同类已知单位的标准量进行比较，所得结果就是测量值。测量结果包括三部分：测量值、测量单位及测量误差。

（2）真值

在一定条件下，被测物理量客观存在的实际值称为真值。真值是一个理想状态下的值。一般来说，真值是无法精确得到的。

（3）测量误差

测量仪器仪表的测量值与被测量真值之间的差异，称为测量误差。测量误差示意图如

图 1-30 所示。

测量误差的表示方法主要有绝对误差、相对误差、引用误差和基本误差四种。

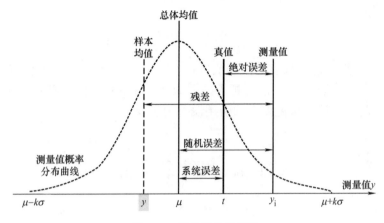

图 1-30　测量误差示意图

1. 绝对误差

绝对误差指测量值与真值之间的差值，它反映了测量值偏离真值的绝对数值，即

$$\Delta x = x - x_0$$

式中，Δx 为绝对误差；x 为被测量实际值；x_0 为被测量真值。

由于真值的不可知性，在实际应用时，常用被测量多次测量的平均值或上一级标准器具测得的示值作为实际真值。

2. 相对误差

相对误差指绝对误差与被测量真值之比，即

$$r_A = \frac{\Delta x}{x_0} \times 100\%$$

式中，r_A 为相对误差；Δx 为绝对误差；x_0 为被测量真值。

相对误差反映了测量值偏离真值的程度。相对误差越小，精度越高；相对误差越大，精度越低。

【例 1-1】　多级弹导火箭的射程为 10000km 时，其射击偏主预定点不超过 0.1km；优秀射手能在距离 50m 远处准确地射击，偏离靶心不超过 2cm，试问哪一个射击精度高？

解：火箭命中目标的相对误差为

$$r_1 = \frac{\Delta x_1}{x_{01}} \times 100\% = \frac{0.1}{10000} \times 100\% = 0.001\%$$

射手命中目标的相对误差为

$$r_2 = \frac{\Delta x_2}{x_{02}} \times 100\% = \frac{2}{50 \times 10^2} \times 100\% = 0.04\%$$

火箭的射击精度（十万分之一）比射手的射击精度（万分之四）高。

3. 引用误差

引用误差指仪器仪表某一刻度点的绝对误差与仪表满量程之比，即

$$r_{\mathrm{m}} = \frac{|\Delta x|}{x_{\mathrm{m}}} \times 100\%$$

式中，r_{m} 为引用误差；x_{m} 为仪表满量程或量程上限；$|\Delta x|$ 为刻度点的绝对误差。

【例 1-2】 有一只温度计，它的测量范围为 $0 \sim 300\,℃$，实际值为 $200\,℃$ 时此温度计显示 $202\,℃$。求此温度计在该温度点的引用误差为多少？

解：

$$r_{\mathrm{m}} = \frac{|\Delta x|}{x_{\mathrm{m}}} \times 100\% = \frac{203 - 200}{300} \times 100\% = 1\%$$

因此，此温度计在该温度点的引用误差为 1%。

当绝对误差 Δx 取最大值 Δx_{m} 时，仪表引用误差常用来确定仪表的准确度等级 S。我国电工仪表的准确度等级就是按引用误差进行分级的，共分为七级：0.1，0.2，0.5，1.0，1.5，2.5 及 5.0。如果仪表为 S 级，则说明该仪表的最大引用误差不超过 $S\%$，即

$$r_{\mathrm{m}} = \frac{|\Delta x_{\mathrm{m}}|}{x_{\mathrm{m}}} \times 100\% = S\%$$

【例 1-3】 有一只温度计，它的测量范围为 $0 \sim 300\,℃$，经过多次测量后，得到绝对误差分别为 $1.5\,℃$，$2.8\,℃$，$5.5\,℃$，$4.2\,℃$，$3.0\,℃$。求此温度计的准确度等级。

解： 由 $1.5\,℃$、$2.8\,℃$、$5.5\,℃$、$4.2\,℃$、$3.0\,℃$ 比较后得到最大绝对误差为 $5.5\,℃$，即 $\Delta x_{\mathrm{m}} = 5.5\,℃$，又 $x_{\mathrm{m}} = 300\,℃$，则有

$$r_{\mathrm{m}} = \frac{|\Delta x_{\mathrm{m}}|}{x_{\mathrm{m}}} \times 100\% = \frac{5.5}{300} \times 100\% = 1.8\%$$

此温度计的最大引用误差介于 1.5% 与 2.5% 之间，因此，该温度计的准确度等级应定为 2.5 级。

4. 基本误差

基本误差是指测量仪器在规定使用条件下可能产生的最大误差范围。基本误差有时称为仪器误差，它是衡量电子测量仪器质量的最重要的指标。

（1）工作误差

工作误差是在额定工作条件下仪器误差的极限值，即来自仪器外部的各种影响量和仪器内部的影响特性为任意可能的组合时，仪器误差的最大极限值。

（2）固有误差

固有误差是当仪器的各种影响量和影响特性处在基准条件下时，仪器所具有的误差。如某传感器在电源电压为（220 ± 5）V、电网频率为（50 ± 2）Hz、环境温度为（20 ± 5）℃ 条件下的误差。

二、测量误差的产生

测量工作是在一定条件下进行的，外界环境、观测者的技术水平和仪器本身构造的不完善等原因，都可能导致测量误差的产生。通常把测量仪器、观测者的技术水平和外界环境三个方面综合起来，称为观测条件。观测条件不理想和不断变化，是产生测量误差的根本原因。误差通常表现为多次观测产生的差异。

1. 外界条件

外界条件主要指观测环境中气温、气压、空气湿度和清晰度、风力以及大气折光等因素的不断变化，导致测量结果中带有误差。

2. 仪器条件

仪器在加工和装配等工艺过程中，不能保证仪器的结构能满足各种几何关系，这样的仪器必然会给测量带来误差。

3. 观测者的自身条件

由于观测者感官鉴别能力所限以及技术熟练程度不同，也会在仪器对中、整平和瞄准等方面产生误差。

三、测量误差的分类

根据误差来源的性质，可以将误差分为系统误差、粗大误差、随机误差。

1. 系统误差

在做等精度测量时，误差呈现出绝对值与符号保持恒定的规律性，这种误差的影响程度可以确定，并采用控制或修正的方法加以消除。在相同的观测条件下，对某被测量进行了 n 次观测，如果误差出现的大小和符号均相同或按一定的规律变化，这种误差称为系统误差。系统误差一般具有累积性。

系统误差的分析包括：

1）所用传感器、测量仪表或组成元件是否准确可靠。

2）测量方法是否完善。

3）传感器或仪表安装、调整或放置是否正确合理。

4）传感器或仪表工作场所的环境条件是否符合规定条件。

5）观测者的操作是否正确。

系统误差产生的主要原因之一是仪器设备制造不完善。如用一把名义长度为 50m 的钢直尺去量距，经检定钢直尺的实际长度为 50.005m，则每量一次，就带有 +0.005m 的误差，丈量的尺段越多，所产生的误差越大，可见这种误差与所丈量的距离成正比。

2. 粗大误差

粗大误差也称过失误差。在一定条件下，当测量结果明显偏离其实际值时所对应的误差称为粗大误差。这类误差是由测量者疏忽大意或环境条件的突然变化而引起的。

粗大误差的分析包括：

1）测量人员的主观原因，如操作失误或错误记录；

2）客观外界条件的原因，如测量条件意外改变、受较大的电磁干扰或测量仪器偶然失效等。

3. 随机误差

对某物理量进行等精度测量时，多次测量的误差的绝对值时大时小，符号时正时负，无确定规律，这种误差称为随机误差，又称偶然误差。

随机误差的分布规律可以在大量重复测量数据的基础上总结出来，它符合统计学上的规律性，具有以下几个特点：

1）绝对值小的误差比绝对值大的误差出现的机会多。

2）绝对值相等的正误差与负误差出现的机会相等。

3）绝对值很大的误差出现的机会很小，可以认为在一定的测量条件下，随机误差的绝对值不会超过一定的界限。

4）随着测量次数的无限增加，随机误差的算术平均值趋于零。

四、测量误差的处理

1. 系统误差的处理

由于系统误差一般有规律可循，其产生的原因一般也是可预见的，所以系统误差一般可通过改进测量技术、对测量结果加以修正等手段来减小。通常处理系统误差的方法有以下几种：

1）消除系统误差产生的根源。

2）在测量结果中加修正值。确定出较为准确的修正公式、修正曲线或修正表格，以便修正测量结果。

3）在测量过程中采取补偿措施。如在用热电偶测温时，采用冷端温度补偿器或冷端温度补偿元件来消除由于热电偶冷端温度变化所造成的系统误差。

2. 粗大误差的处理

含有粗大误差的测量值称为坏值，一经发现，其数据无效，应当删除。

3. 随机误差的处理

随机误差的算术平均值可作为等精度多次测量的结果。其算术平均值为

$$\bar{x} = \frac{1}{n}(x_1 + x_2 + \cdots + x_n)$$

式中，$\bar{x}$ 为随机误差的算术平均值；n 为测量次数；x_1、x_2、$\cdots$、x_n 为 n 次测量值。

4. 测量误差的处理

1）先判断测量数据中是否含有粗大误差，如有，则必须剔除。

2）再看数据中是否存在系统误差，对系统误差可设法消除或加以修正。

3）确定不存在粗大误差和系统误差后，对随机误差进行计算，计算其算术平均值。

测量误差的分析与处理

用米尺测量一物体的长度,测量数据见表1-1,试求此物体的测量真值。此米尺出厂自带 +0.01cm 误差。

表 1-1　某物体长度测量数据　　　　　　　　　　　　　（单位：cm）

测量序号	1	2	3	4	5	6	7	8	9	10
测量值	10.05	9.95	12.04	9.92	10.02	9.95	10.08	10.01	10.03	9.96

第一步:分析上述 10 组数据中是否有粗大误差。经分析,第三组数据 12.04 与其他数据差别较大,为粗大误差,剔除此数据。

第二步:分析上述数据是否有系统误差。此米尺出厂自带系统误差为 +0.01cm,则剩余 9 组数据各减 0.01cm,数据变为表 1-2。

表 1-2　只剩随机误差的某物体长度测量数据

测量序号	1	2	3	4	5	6	7	8	9	10
测量值	10.04	9.94	—	9.91	10.01	9.94	10.07	10.00	10.02	9.95

第三步:上述数据为只剩随机误差的数据,对随机误差进行分析计算,即计算9组数据的算术平均值为

$$\bar{x} = \frac{1}{n}(x_1 + x_2 + \cdots + x_n) = \frac{1}{9}(10.04 + 9.94 + 9.91 + 10.01 + 9.94 + 10.07 + 10.00 + 10.02 + 9.95)$$

得到 $\bar{x} = 9.987$。

思考与练习

一、填空题

1.测量结果由_____、_____、_____组成。

2.测量误差的表示方法主要有_____、_____、_____和_____四种。

3.根据误差来源的性质,可以将误差分为_____、_____、_____。

二、判断题

1.真值是一个理想状态下的值,是可以被精确测量得到的。　（　　）

2.绝对误差反映了测量值偏离真值的绝对数值。　（　　）

3.只要注意测量方法与细节、环境等,测量误差是可以避免的。　（　　）

4.当绝对误差取最大值时,仪表满量程相对误差常用来确定仪表的准确度等级 S。

（　　）

三、简答题

1. 测量误差的处理步骤是什么？

2. 有一温度计，它的测量范围为 0 ~ 200℃，准确度等级为 0.5 级，该温度计可能出现的最大绝对误差是多少？

3. 用准确度等级为 0.5 级、量程为 0 ~ 10MPa 的弹簧管压力表测量管道压力，示值为 8.5MPa，试问测量值的最大相对误差和绝对误差各为多少？

项目二　温度测量

项目描述

温度是日常生活中最经常测量的物理量，如环境温度、人体温度、锅炉温度、家用电器温度等。本项目主要通过认识各类温度传感器测控装置来学习温度测量的方法。

项目目标

通过本项目学习，学会识别一般测温元件和测温仪表，掌握选择测温仪表的基本原则，了解常用测温元件的基本构成，熟知热电阻、热敏电阻、热电偶和双金属温度计的基本特征与工作原理，学习温度测控在相关领域的应用。

任务一　温度测量的一般概念及温度变送器介绍

任务目标

知识目标：
1. 了解与温度相关的基本概念。
2. 理解温度变送器的原理及功能。
3. 掌握温度变送器的接线方法。

能力目标：
学会温度变送器的接线及调校。

素养目标：
1. 培养仔细观察、做好记录的习惯，掌握科学的学习方法。
2. 培养独立思考的习惯和合作学习的精神。

任务引入

温度是自然界中和人类联系最密切的物理量之一，无论是在生产实验场所，还是在居住休闲场所，温度的采集或控制都十分频繁和重要，因此，网络化远程采集温度是现代科技发展的一个必然趋势。温度也是人们日常生活中时常会提到的话题，如气温多少度、室内温度多少度、空调温度调为多少度等诸如此类，因此，用来测量温度的温度传感器也应运而生。本任务学习有关温度的概念和检测方法。

 知识解析

一、温度的概念及测量温度的重要性

1. 温度的概念

温度是表征物体或系统冷热程度的物理量，是物体内部分子无规则运动剧烈程度的标志，是工业生产中最普遍、最重要的热工参数之一。温度只能通过物体随温度变化的某些特性来间接测量，用来度量物体温度数值的标尺称为温标。温标规定了温度的读数起点（零点）和测量温度的基本单位，国际单位为热力学温标（K），其他国际上用得较多的温标有华氏温标（℉）和摄氏温标（℃）。

（1）热力学温标

热力学温标又称开尔文温标、绝对温标，简称开氏温标，是国际单位制7个基本物理量之一，单位为开尔文（K），简称开，符号为T，其描述的是客观世界真实的温度，同时也是制定国际协议温标的基础，是一种标定、量化温度的方法。开尔文温标和人们习惯使用的摄氏温标相差一个常数——273.15，即T（K）=273.15+t（℃）（t为摄氏温度的符号）。例如，用摄氏温标表示的水三相点温度为0.01℃，而用开尔文温标表示则为273.16K。开尔文温标与摄氏温标的区别只是计算温度的起点不同，即零点不同，彼此相差一个常数，可以相互换算。

（2）华氏温标

华氏度（Fahrenheit）也是用来计量温度的单位，世界上仅存5个区域使用华氏度，即巴哈马、伯利兹、英属开曼群岛、帕劳、美国及其附属领土（波多黎各、关岛、美属维尔京群岛）。

华氏度把结冰点定义为32℉，把水的沸点定义为212℉，两点间做100等分，每一份称为1华氏度，记作1℉。华氏度和摄氏度两者之间的关系为F=1.8t+32℉（t为摄氏温度的符号）。

（3）摄氏温标

摄氏度也是用来计量温度的单位，包括我国在内的世界上绝大多数国家都使用摄氏度。

1740年，瑞典人摄氏（Celsius）提出在标准大气压下，把冰水混合物的温度规定为0℃，水的沸腾温度规定为100℃。根据水的这两个固定温度点来对玻璃汞温度计进行分度。两点间做100等分，每一等分称为1摄氏度，记作1℃。摄氏温度已被纳入国际单位制。物理学中摄氏温度表示为t，摄氏温度的定义为t=T-273.15（T为开氏温标的符号）。

不同温标下的温度见表2-1。

表 2-1 不同温标下的温度

温标	绝对零度	标准大气压下水的冰点	人体正常体温	标准大气压下水的沸点
开氏温标 /K	0.00	273.15	309.95	373.124
摄氏温标 /℃	−273.15	0.00	36.80	99.974
华氏温标 / ℉	−459.67	32.00	98.24	211.9532

2. 温度测量的重要性

温度的检测是所有物理量检测中最早开始的。温度是日常生产生活中最常用的一个物理量，它的测量至关重要。如在工业中，温度是锅炉生产水蒸气质量的重要指标之一，也是保证锅炉设备安全的重要参数。同时，温度也是影响锅炉传热过程和设备效率的主要因素。因此温度检测对于保证锅炉的安全、经济运行，提高蒸汽产量和质量，减轻工人的劳动强度，改善劳动条件具有极其重要的意义。

日常生活中经常会见到温度测量，如手机通过使用 HTU21 温湿度传感器使其具有温湿度测量功能，可提供准确、可靠的温湿度测量数据。

综上所述，温度的检测对于现代社会来说至关重要。

二、温度变送器原理及应用

1. 温度变送器的结构及工作原理

（1）结构

温度变送器是一种将温度变量转换为可传送的标准化输出信号的装置，主要用于工业过程温度参数的测量和控制。

带传感器的温度变送器通常由两部分组成：传感器和信号转换器。如图 2-1 所示，温度传感器主要是热电阻或热电偶；信号转换器主要由测量单元、信号处理和转换单元组成。有些温度变送器增加了显示单元，有些还具有现场总线功能。图 2-2 为一体式温度变送器。

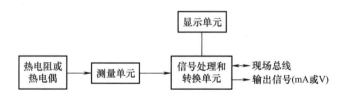

图 2-1 温度变送器的结构

一体式温度变送器将温度传感元件（热电阻或热电偶）与信号转换放大单元有机集成在一起，用来测量各种工艺过程中 −200 ～ 1600℃ 范围内的液体、蒸汽及其他气体介质或固体表面的温度。它通常和显示仪表、记录仪表以及各种控制系统配套使用。

（2）工作原理

温度变送器就是将温度变量转换为可传送的标准化输出信号，将被测主回路交流电流转换成恒流环标准信号，连续输送到接收装置的器件。温度变送器安装在温度传感器后方。温度变送器采用热电偶、热电阻作为测温元件，从测温元件输出信号送到变送器模块，经过稳压滤波、运算放大、非线性校正、*V*/*I* 转换、恒流及反向保护等电路处理后，转换成与温度呈线性关系的 4 ～ 20mA 电流信号或 0 ～ 5V/0 ～ 10V 电压信号，由 RS485 进行数字信号输出。图 2-3 为 SBW 型温度变送器。

图 2-2　一体式温度变送器　　　　　图 2-3　SBW 型温度变送器

2. 温度变送器的应用

（1）应用领域

温度变送器主要应用于石油、化工、化纤、纺织、橡胶、建材、电力、冶金、医药、食品等工业领域现场测温过程控制；特别适用于计算机测控系统，也可与 DDZ-Ⅲ 型仪表配套使用。

（2）使用注意事项

温度变送器的供电电源不得有尖峰，否则容易损坏变送器。变送器的校准应在加电 5min 后进行，并且要注意当时的环境温度。测高温时（≥100℃）传感器腔与接线盒间应用填充材料隔离，防止接线盒温度过高烧坏变送器。在干扰严重的情况下使用温度传感器时，外壳应牢固接地避免干扰，电源及信号输出应采用 ϕ10 屏蔽电缆传输，压线螺母应旋紧以保证气密性。只有 RWB 型温度变送器为三线制 0 ～ 10mA 输出，在量程值的 5% 以下，由于晶体管的关断特性造成非线性，温度变送器每 6 个月应校准一次。

三、温度变送器的安装与接线

1. 温度变送器的安装

（1）温度变送器接触流体的方式

温度变送器测温部件接触流体的方式有两种：直接接触式和间接接触式，表现在温度套筒上就是开放式和封闭式。通过实验得出，在同一计量管的同一测温点分别采用 U 形套筒管和 ‖ 形套筒管安装温度变送器，二者测得的温度值基本吻合；但由于对 ‖ 形套筒管安装方式的温度变送器进行检修时必须停气，增加了检修的难度，对计量的连续性造成了一定的影响。因此，不建议采用 ‖ 形套筒管的温度变送器安装方式。

（2）温度变送器的安装位置

相关标准规定，在标准孔板计量系统中的温度变送器可以安装在孔板上游侧或下游侧。实验表明，在孔板上游侧和下游侧安装数字温度计测得的温度相差不大，给计量带来的影响也极小；但由于在孔板上游侧安装温度变送器对流程有更高的要求，因此建议使用孔板下游侧安装方式，具体安装位置在孔板下游侧 $5D \sim 15D$（D 为管道内径）范围内。

（3）温度变送器安装感温元件的插入深度

不论是玻璃棒式温度计还是数字温度计都应严格按照相关规范进行安装，温度套管或插孔应伸入管道至公称内径的大约 1/3 处；其插入方式为直插或斜插，斜插应逆气流，并与直管段管道轴线呈 45° 角。

2. 温度变送器的接线方法

下面以 SBW 型温度变送器和 DGW 型温度变送器为例介绍温度变送器的接线方法。

如图 2-4 所示，SBW 型温度变送器一共有 6 个端子，其中 1、2 号端子与电源及二次仪表连接，3、4、5 号端子为外接热电阻三线制接口，5、6 号端子为热电偶接口，具体接线方法如图 2-5 所示。其中图 2-5a 是以热电偶为例说明温度变送器与外接电源、仪表、传感器的接线方法，图 2-5b 为温度变送器端子接线示意图。

图 2-4 SBW 型温度变送器的接线端子

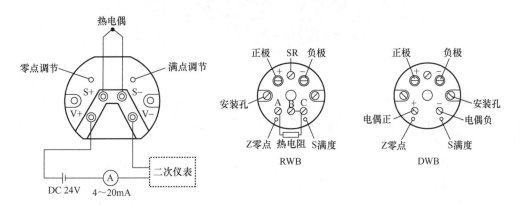

a）温度变送器外部接线图   b）温度变送器热电阻(RWB)和热电偶(DWB)端子接线图

图 2-5   温度变送器外部接线图

DGW 型热电偶温度变送器是一种小型化导轨式结构的仪表，体积小、重量轻、外形精巧美观、安装灵活、方便。如图 2-6 所示，DGW 型热电偶温度变送器一共有 8 个端子。对于一般型（非防爆型）DGW 温度变送器，若电流输出信号不用时，应将其 1、2 号接线端子短接，即用导线将 1、2 号端子短接起来，否则将没有电压信号输出。

不同型号的温度变送器应按说明书接线，对于具有安全火花回路的防爆仪表，接线时一定不能接错，要仔细检查。安全火花回路的接线（输入信号线），必须是带有绝缘套或屏蔽的导线，并且和非安全火花回路的接线彼此隔离，以免互相混触。

图 2-6 DGW 型热电偶温度变送器及接线端子

温度变送器在高炉鼓风设备中的应用

高炉鼓风设备为冶炼高炉提供足够的含氧空气，是高炉生产的重要组成部分，如图 2-7 所示。高炉鼓风机将一部分空气汇集起来，并通过加压提高空气压力，形成具有一定压力和流量的高炉鼓风，再根据高炉炉况的需要进行风压、风量调节后将其输送至高炉。从能量的角度来看，高炉鼓风机是把原动机的能量转变为气体能量的一种动力机械。其作用是向高炉送风，以保证高炉中燃烧的焦炭和喷吹的燃料所需的氧气；另外还要使高炉保持一定的炉顶压力。

图 2-7　高炉鼓风设备

在整个高炉生产过程中，鼓风机的正常工作至关重要，鼓风机电动机能否正常运行，直接影响高炉的生产，因此控制电动机各部分的温度很重要，需要随时监测电动机各部分的温升。

因为高炉鼓风机的工作状态影响着整个高炉的工艺生产，而温度监测则是对高炉鼓风机运行状态的一个直观体现。现场岗位工作人员需要随时观测记录显示仪表，高炉主控室也需要对此温度进行监测，并进行联锁。因此，现场热电阻信号需要向现场显示仪表和高炉主控室主控画面两个系统传送。这时就需要用到温度变送器，图 2-8 为温度检测变送流程图。

图 2-8　温度检测变送流程图

一般热电阻信号向两个系统传输信号时就需要安装温度变送器。温度变送器发挥两个功能：把热电阻信号转换为 4 ～ 20mA 直流信号；将该直流信号转换为两路信号，分别向两个系统传输信号。

思考与练习

一、填空题

1. 温度是_____。

2. 温度的单位有_____、_____和_____。

3. 0℃ =_____K，1℃ =_____K。

4. 目前国际上用得较多的温标有_____温标（℉）、_____温标（℃）和_____温标（K）。

5. 温度变送器采用热电偶、热电阻作为测温元件，从测温元件输出信号送到变送器模块，经过电路处理后，转换成与温度呈线性关系的_____电流信号或_____电压信号。

二、判断题

1. 热电阻温度变送器输出的信号是电阻信号。 （　　）

2. 温度变送器只能输出一路信号。 （　　）

3. Pt100 热电阻只能用 Pt100 温度变送器。 （　　）

三、简答题

1. 简述温度变送器的工作原理。

2. 设计 Cu50 热电阻两路输出的结构图。

任务二　金属热电阻及应用

任务目标

知识目标：

1. 理解热电阻温度检测原理。

2. 了解热电阻结构及分类。

3. 了解热电阻在工业现场的应用及接线。

能力目标：

1. 能用万用表测量热电阻的电阻值。

2. 能正确连接热电阻与温度数显表。

素养目标：

1. 培养全方面分析问题和思考问题的能力。

2. 培养小组团结互助的精神。

任务引入

日常生活中，大多使用温度计来测量温度，而在工业中，低温区测温经常采用的是金属热电阻。那么热电阻测温和温度计测温有什么不同呢？带着这个问题，观察下面的实验：如图 2-9 所示为热电阻与膨胀式温度计，分别把热电阻放在常温、热水、开水中，用万用表测量热电阻的电阻值填入表 2-2，对比温度值和对应的电阻值之间的关系，通过对比找出规律。

图 2-9　热电阻与膨胀式温度计

表 2-2　热电阻实验数据

状态	温度计数值 /℃	电阻值 /Ω
常温		
热水		
开水		

知识解析

热电阻（Thermal Resistor）是中低温区最常用的一种温度检测器。热电阻是基于金属导体的电阻值随温度的增加而增加这一特性来进行温度测量的。它的主要特点是测量精度高、性能稳定。其中，铂热电阻的测量精确度是最高的，它不仅广泛应用于工业测温，而且还被制成标准的基准仪。

一、金属热电阻的工作原理

在【任务引入】中通过实验发现，金属导体的电阻值随着温度的变化而变化，当金属导体温度上升时，导体的电阻值增加；反之，则电阻值减小。所以，金属导体具有正温度系数，热电阻就是利用金属的热特性制成的，这就是热电阻的测温原理。

二、金属热电阻的结构、分类及接线

1. 金属热电阻的分类及结构

虽然大多数金属导体的电阻值会随温度的变化而变化，但是它们并不能都作为测温用热电阻。一般要求制作热电阻的材料具有较大的温度系数（即温度每变化单位值，电阻变化较大）和较大的电阻率，物理、化学性质稳定，复现性好。金属热电阻的分类方法主要有以下两种：

（1）按材料分类

目前应用最多的是铂（Pt）电阻和铜（Cu）电阻，还有使用金属镍的热电阻。在同一材料制作的热电阻中，又有不同分度号的区别，如分度号 Pt100 表示 0℃时电阻值为 100Ω 的铂热电阻；Cu50 表示 0℃时电阻值为 50Ω 的铜热电阻。常用金属热电阻 Pt100 和 Cu50 分度表见附录 A。

（2）按结构分类

热电阻按结构主要分为普通型热电阻、铠装型热电阻和隔爆型热电阻等。

1）普通型热电阻。普通型热电阻由感温元件（金属电阻丝）、支架、引线、保护套管及接线盒等基本部分组成。为避免电感分量，热电阻丝常采用双线并绕，制成无感电阻。

2）铠装型热电阻。铠装型热电阻如图 2-10 所示，是主要由感温元件（电阻体）、引线、绝缘材料、不锈钢套管组合而成的坚实体，具有以下优点：体积小，内部无空气隙；机械性能好、耐振，抗冲击；能弯曲，便于安装；使用寿命长。

3）隔爆型热电阻。隔爆型热电阻如图 2-11 所示。隔爆型热电阻通过特殊结构的接线盒，将其外壳内部爆炸性混合气体因受到火花或电弧等影响而发生的爆炸局限在接线盒内，从而在生产现场不会引起爆炸。

图 2-10　铠装型热电阻　　　　　　　　图 2-11　隔爆型热电阻

金属热电阻主要由接线盒、接线端子、保护管、绝缘套管和感温元件组成，图 2-12 为其结构示意图。

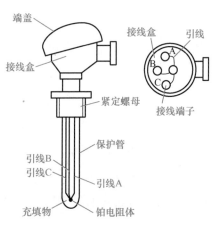

图 2-12　金属热电阻结构示意图

2. 热电阻的测量电路及接线方法

（1）热电阻的测量电路

热电阻传感器的测量电路一般使用电桥，如图 2-13 所示，当电桥平衡时，$U_0=0$，所

以 $R_1R_3=R_2R_4$ 或 $R_1/R_2=R_4/R_3$，电桥平衡。当 R_1 发生变化时，电桥输出电压 U_0 也随之发生变化。

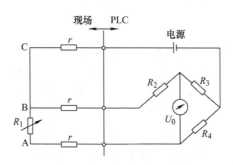

图 2-13　热电阻的测量电路

（2）热电阻的接线方法

热电阻是把温度变化转换为电阻值变化的一次元件，通常需要把电阻信号通过引线传递到计算机控制装置或者其他一次仪表上。工业用热电阻安装在生产现场，与控制室之间存在一定的距离，因此热电阻的引线对测量结果会有较大的影响。为了消除引线的影响，目前热电阻的引线接法主要有以下三种方式。

1）二线制。如图 2-14 所示，在热电阻的两端各连接一根导线来引出电阻信号的方式称为二线制。这种引线方法很简单，但由于连接导线必然存在引线电阻 r，r 大小与导线的材质和长度等因素有关，因此这种引线方式只适用于测量精度较低的场合。

2）三线制。如图 2-15 所示，在热电阻的根部的一端连接一根引线，另一端连接两根引线的方式称为三线制。这种引线方式通常与电桥配套使用，可以较好地消除引线电阻的影响，是工业过程控制中最常用的引线接法。

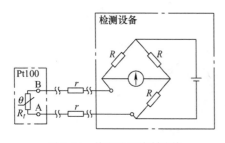

图 2-14　热电阻二线制连接

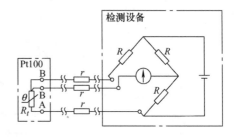

图 2-15　热电阻三线制连接

3）四线制。在热电阻的根部两端各连接两根导线的方式称为四线制。其中两根引线为热电阻提供恒定电流 I，把 R 转换成电压信号 U，再通过另两根引线把 U 引至二次仪表。可见，这种引线方式可以完全消除引线的电阻影响，主要用于高精度的温度检测。

三、金属热电阻的应用

在实际生产中，应用最广泛的热电阻材料是铂和铜。铂电阻精度高，适用于中性和氧化性介质，稳定性好，具有一定的非线性，温度越高，电阻变化率越小；铜电阻在测温范围内电阻值和温度呈线性关系，温度系数大，适用于无腐蚀介

铂热电阻实验演示

质，超过150℃易被氧化。常用的铂电阻有$R_0=100\Omega$和$R_0=1000\Omega$等几种，分度号分别为Pt100和Pt1000；铜电阻有$R_0=50\Omega$和$R_0=100\Omega$两种，分度号分别为Cu50和Cu100。其中，Pt100和Cu50的应用最为广泛。

金属热电阻的优点：测量精度高，复现性好；有较宽的测量范围，尤其是在低温方面；适宜用于自动测量，也便于远距离测量。缺点是在高温（高于850℃）测量中精度不高，易被氧化和不耐腐蚀。

案例分析

热电阻在烧结主抽风机系统中的应用

烧结的生产过程是经配料和处理过的烧结料铺到烧结机的台车上，点火后在强制抽风（靠主抽风机抽风产生负压）的作用下，烧结料中的燃料燃烧产生高温，使得烧结料局部软化和融化，发生一系列物理化学反应，生成一定数量的液相，随后由于温度降低液相冷却凝固成块。因为烧结过程是依靠烧结台车下的风箱，通过主抽风机抽风，料层向下垂直烧结，只要风机停止抽风，向下的烧结过程就会停止，因此烧结主抽风机系统非常重要。

烧结主抽风机系统需要高压电动机提供动力。风机主要靠电动机轴承旋转来驱动风机叶轮旋转，所以主抽高压风机和电动机是整个烧结系统的核心。高压电动机一般都是10kW大功率电动机，在电动机中配置温度保护非常必要，以达到提前预警、提前处理和减损的目的。高压电动机的定子和轴承很容易在工作中发热，如果有异常状况发生或散热不良，极易导致高压电动机的定子和轴承处温度超标，造成设备损坏，所以高压电动机一般都在定子和轴承处安装金属热电阻测温装置。图2-16为钢铁厂烧结主抽风机系统仪表图。图中锯齿形线条为金属热电阻。

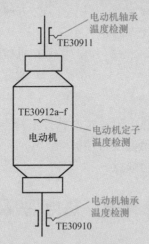

图2-16 烧结主抽风机系统仪表图

金属热电阻的电阻值和温度之间的关系一般可以近似表示为

$$R_t = R_{t0}\left[1+\alpha\left(t-t_0\right)\right]$$

式中，R_t为温度t时的电阻值；R_{t0}为温度t_0（通常$t_0=0℃$时）对应的电阻值；α为温度系数。

思考与练习

一、填空题

1. Pt100 铂热电阻在 0 ℃时的阻值为_____Ω，100 ℃时的阻值为_____Ω，200 ℃时的阻值为_____Ω，说明是否线性？在理想线性的情况下，200 ℃时的阻值应为_____Ω。

2. 工业用金属热电阻按材料可分为_____热电阻、_____热电阻、_____热电阻等；按结构可分为普通型热电阻、_____热电阻、_____热电阻等。

3. 金属热电阻随温度的升高其阻值_____。

4. Pt100 表示_____，Cu50 表示_____。

二、判断题

1. 铠装型热电阻可用于具有爆炸性危险场所的温度测量。 （   ）

2. 普通热电阻可测量 1000 ℃的温度。 （   ）

3. 一般热电阻与仪表连接都采用三线制或四线制，目的是消除引线电阻的影响。 （   ）

4. 热电阻不能用于需要弯曲的地方。 （   ）

5. 金属热电阻由电阻体、绝缘套管和接线盒等主要部分组成。 （   ）

三、选择题

1. 下列属于常用金属热电阻材料的是（   ）。

A. 铁　　　　　　　B. 铜　　　　　　　C. 铝　　　　　　　D. 银

2. 下列不属于目前热电阻的接线方式的是（   ）。

A. 三线制　　　　　B. 四线制　　　　　C. 五线制　　　　　D. 二线制

3. 下列不属于铠装式热电阻优点的是（   ）。

A. 体积小，内部无空气隙　　　　　　B. 机械性能好、耐振，抗冲击

C. 使用寿命短　　　　　　　　　　　D. 能弯曲

四、简答题

1. 从实验室找到某些型号的热电阻，观察其外形特点，使用万用表测量它在不同环境温度下的电阻值，从中体会其电阻温度特性。

2. 试分析热电阻接线方法的优缺点。

任务三　热电偶及应用

任务目标

知识目标：

1. 理解热电偶的温度检测原理。

2. 了解热电偶的结构及分类。

3. 了解热电偶的实际应用及接线。

能力目标：

1. 能用万用表测量热电偶的热电动势。

2. 能正确连接热电偶与温度数显表。

素养目标：

1. 培养学生独立思考和全面分析问题的能力。

2. 提升学生举一反三的能力。

3. 鼓励学生积极通过实际生产、生活中的实例达到学习知识技能的目的。

任务引入

在工业中，除了用热电阻测量温度以外，用热电偶测量温度也是常用的一种手段，如煤炭化验仪。那么用热电偶测温和用温度计测温有什么不同呢？带着这个问题，观察下面的实验：如图 2-17 所示为热电偶与膨胀式温度计，分别把热电偶放在常温、热水、开水中，用万用表测量热电偶的热电动势值填入表 2-3 和表 2-4，对比温度值和对应的热电动势之间的关系，通过对比发现规律。

a) 热电偶　　　　　　　　b) 膨胀式温度计

图 2-17　热电偶与膨胀式温度计

表 2-3　K 型热电偶实验数据

状态	温度计数值 /℃	热电动势 /mV
常温		
热水		
开水		

表 2-4　E 型热电偶实验数据

状态	温度计数值 /℃	热电动势 /mV
常温		
热水		
开水		

知识解析

一、热电偶的工作原理

热电偶是一种感温元件，它把温度信号转换成热电动势信号，再通过电气仪表（二次仪表）转换成被测介质的温度。

热电偶将两种不同材料的导体或半导体 A 和 B 焊接起来，构成一个闭合回路，如图 2-18 所示。当导体 A 和 B 的两个接点之间存在温差时，两者之间便产生电动势，因而在回路中形成一个电流，这种现象称为热电效应。热电偶就是利用这一效应来工作的。其中，直接用作测量介质温度的一端称为工作端或热端（也称测量端），另一端称为参考端或冷端（也称为补偿端）；冷端与显示仪表或配套仪表连接，显示仪表会指出热电偶所产生的热电动势。

图 2-18　热电偶原理

二、热电偶的结构、分类及冷端温度补偿

1. 热电偶的分类

热电偶作为工业测温中最广泛使用的温度传感器之一，与铂热电阻一起，约占整个温度传感器市场总量的 60%。热电偶的分类主要有以下三种方法：

（1）按材料分类

热电偶按材料的不同可分为标准热电偶和非标准热电偶两大类。所谓标准热电偶，是指国家标准规定了其热电动势与温度的关系、允许误差并有统一的标准分度表的热电偶，它有与其配套的显示仪表可供选用。非标准化热电偶在使用范围或数量级上均不及标准化热电偶，一般也没有统一的分度表，主要用于某些特殊场合的温度测量。

（2）按结构来分

热电偶按结构不同可分为普通装配式热电偶、铠装式热电偶和薄膜热电偶等。

1）普通装配式热电偶。热电极直径一般为 0.35 ～ 3.2mm。为防止两个热电极短路，一般采用陶瓷材料制成的绝缘套管。保护套管在最外层，增加防护，并防止热电偶被腐蚀或受火焰和电流的直接冲击。接线盒用于固定接线座和接线外接导线，一般采用铝合金材料，盒盖用线圈加以密封以防污物进入，如图 2-19 所示。

2）铠装式热电偶。铠装式热电偶也称缆式热电偶，它是将热电极、绝缘材料连同保护管一起拉制成型，经焊接密封和装配工艺制成的坚实的组合体，外形如图 2-20 所示。其套管可长达 100m，管外径最细为 0.25mm。铠装式热电偶已实现标准化、系列化，具有体积小、动态响应快、柔性好、便于弯曲、强度高等优点，广泛用于工业生产，特别是高压装置和狭窄管道温度的测量。

3）薄膜热电偶。薄膜热电偶是由两种金属薄膜连接而成的一种特殊结构热电偶，如图 2-21 所示。它的测量端既小又薄，热容量很小，动态响应快，可以用于微小面积上的温度测量以及快速变化表面的温度测量。测量时薄膜热电偶用特殊黏合剂紧贴在被测表面，由于受黏合剂的限制，测量温度范围一般为 –200 ～ 300℃。

图 2-19　普通装配式热电偶　　图 2-20　铠装式热电偶　　　图 2-21　薄膜热电偶

（3）按热电偶丝材料分类

1）铂铑 10– 铂热电偶。分度号为 S，也称为 S 型单铂铑热电偶，该热电偶的正极成分为含铑 10% 的铂铑合金，负极为纯铂。其特点是精度高，在所有热电偶中准确度等级最高，通常用来作为标准或测量较高的温度。

2）铂铑 13– 铂热电偶。分度号为 R，也称为 R 型单铂铑热电偶，该热电偶的正极为含 13% 的铂铑合金，负极为纯铂，同 S 型相比，它的电动势大 15% 左右，其他性能几乎相同。

3）铂铑 30– 铂铑 6 热电偶。分度号为 B，也称为双铂铑热电偶，该热电偶的正极是含铑 30% 的铂铑合金，负极为含铑 6% 的铂铑合金，在室温下，其热电动势很小，故在测量时一般不用补偿导线，可忽略冷端温度变化的影响。

4）镍铬 – 镍硅（镍铝）热电偶。分度号为 K，该热电偶的正极为含铬 10% 的镍铬合金，负极为含硅 3% 的镍硅合金（有些产品负极为纯镍），可测量 0 ～ 1300℃ 的介质温度，适宜在氧化性及惰性气体中连续使用，短期使用温度为 1200℃，长期使用温度为 1000℃。其热电动势与温度的关系近似线性，价格低廉，是目前用量最大的热电偶。

5）镍铬硅 – 镍硅热电偶。分度号为 N，该热电偶的主要特点是在 1300℃ 以下调温抗氧化能力强，长期稳定性及短期热循环复现性好，耐核辐射及耐低温性能好。

6）铜 – 铜镍热电偶。分度号为 T，也称 T 型热电偶，该热电偶的正极为纯铜，负极为铜镍合金（也称康铜），其特点是在贱金属热电偶中它的准确度等级最高、热电极的均匀性好，一般在氧化性气体中使用时，温度不能超过 300℃，在 –200 ～ 300℃ 范围内，灵敏度较高。

7）铁 – 康铜热电偶。分度号为 J，也称 J 型热电偶，该热电偶的正极为纯铁，负极为康铜（铜镍合金），特点是价格低廉，适用于真空氧化的还原或惰性气体。

8）镍铬 – 铜镍（康铜）热电偶。分度号为 E，也称 E 型热电偶，是一种较新的产品，它的正极是镍铬合金，负极是铜镍合金（康铜），其最大特点是在常用的热电偶中，其热电动势最大，灵敏度最高。

2. 热电偶的结构

工业测温用的热电偶，其基本构造包括热电偶丝、绝缘套管、保护管和接线盒等，如图 2-22 所示。

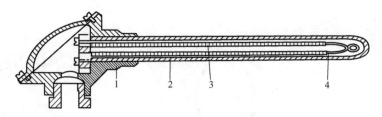

图 2-22　热电偶结构示意图

1—接线盒　2—保护管　3—绝缘套管　4—热电偶丝

3.影响热电偶测量准确性的因素

（1）插入深度

热电偶测温点的选择是最重要的。对于生产工艺过程而言，测温点的位置一定要具有典型性、代表性，否则将失去测量与控制的意义。热电偶插入被测场所时，沿着传感器的长度方向将产生热流。当环境温度低时就会有热损失，致使热电偶温度传感器与被测对象的温度不一致而产生测温误差。总之，由热传导而引起的误差与插入深度有关。而插入深度又与保护管材质有关。金属保护管因其导热性能好，其插入深度应该深一些，陶瓷材料绝热性能好，可插入浅一些。对于工程测温，热电偶的插入深度还与测量对象是静止或流动等状态有关，如流动的液体或高速气流温度的测量，将不受上述限制，插入深度可以浅一些，具体数值应由实验确定。

（2）响应时间

接触法测温的基本原理是测温元件要与被测对象达到热平衡。因此，在测温时需要保持一定时间，才能使两者达到热平衡。而保持时间的长短，同测温元件的热响应时间有关。热响应时间主要取决于传感器的结构及测量条件，差别极大。对于气体介质，尤其是静止气体，至少应保持 30min 以上才能达到热平衡；对于液体介质，最快也要在 5min 以上。对于温度不断变化的被测场所，尤其是瞬间变化过程，全过程仅 1s，则要求传感器的响应时间在毫秒级。因此，普通的温度传感器不仅跟不上被测对象的温度变化速度出现滞后，而且也会因达不到热平衡而产生测量误差，所以，最好选择响应快的传感器。对热电偶而言，除保护管影响外，热电偶的测量端直径也是主要的影响因素，即电偶丝越细，测量端直径越小，其热响应时间越短。

（3）热阻抗增加

在高温下使用的热电偶温度传感器，如果被测介质为气态，那么保护管表面沉积的灰尘等将烧熔在表面上，使保护管的热阻抗增大；如果被测介质是熔体，在使用过程中将有炉渣沉积，不仅增加了热电偶的响应时间，而且还使指示温度偏低。因此，除了定期检定外，为了减少误差，经常对热电偶进行抽检也是必要的。如进口铜熔炼炉，不仅安装有连续测温热电偶温度传感器，还配备消耗型热电偶测温装置，用于及时校准连续测温用热电偶的精度。

（4）热辐射

插入炉内用于测温的热电偶温度传感器，将被高温物体发出的热辐射加热。假定炉内气体是透明的，而且热电偶与炉壁的温差较大时，将因能量交换而产生测温误差。一般情况下，为了减少热辐射误差，应增大热传导，并使炉壁温度尽可能接近热电偶的温度。另外，热电偶安装位置应尽可能避开从固体发出的热辐射，使其不能辐射到热电偶表面，因此热电偶最好带有热辐射遮蔽套。

4. 热电偶冷端的温度补偿

由热电偶测温原理可知，热电动势的大小与热电偶两端的温度有关。只有当热电偶冷端温度保持不变时，热电动势才是被测温度的单值函数。因此，热电偶与显示或控制仪表连接时，为了提高精度要求其自由端温度稳定在0℃，这样就可以利用分度表求出热端（测量端）的温度。但工业现场一般不能保证热电偶冷端为0℃，而且现场环境温度也会随时变化，因此造成热电动势差减小，测量不准确，出现误差。为减少误差所做的补偿措施就是冷端温度补偿。

在日常测温过程中，热电偶冷端温度的补偿方法一般有补偿导线法、计算校正法、冷端恒温法、补偿电桥法。

（1）补偿导线法

补偿导线是在一定的温度范围内（一般为0～100℃），用与所匹配热电偶热电动势相同标称值的一对带有绝缘层的导线，与热电偶和测量显示仪表装置连接，补偿它们与热电偶连接处的温度变化所产生的误差。补偿导线延长了热电极，将热电偶冷端延长到温度相对稳定区，补偿导线的热电特性与所配热电偶相同，且价格低廉。

（2）计算校正法

计算校正法是采用补偿导线将热电偶参考端温度移到 T_0 处，T_0 通常为环境温度，不是0℃，此时需要测量参考端温度 $E(T, 0)$，即 $E(T, 0)=E(T, T_0)+E(T_0, 0)$。即相当于把校正值直接加进去，表的读数就是实际温度。冷端温度变化时需要重新调整仪表的机械零点，这种方法用于对测量精度要求不高和冷端温度稳定的场合。

例如：用钴镍－钴硅热电偶检测系统进行测温时，其冷端温度为30℃，仪表显示的热电动势为39.17mV，利用附录A表中的数据，完成以下操作。

1）查表得 $E[30, 0]=1.20$mV。

2）计算 $E[T, 0]=E[T, 30]+E[30, 0]=(39.17+1.20)$mV=40.37mV。

3）再反查分度表，可得被测温度为977℃。

（3）冷端恒温法

冷端恒温法就是把热电偶的冷端放入冰水混合物容器里，使 $T_0=0$℃。为了避免冰水导电引起两个连接点短路，必须把连接点分别置于两个玻璃试管里，浸入同一冰点槽，使相互绝缘，此方法也称冰浴法。冷端恒温法仅限于在科学实验中使用。

（4）补偿电桥法

补偿电桥法是在热电偶回路中串接一个参考端温度补偿器，来自动补偿因热电偶参考端温度变化对输出热电动势的影响。补偿电桥按 $T_0=20$℃时电桥平衡设计，即当 $T_0=20$℃时，补偿电桥无电压输出，此方法也称冷端补偿器法。采用冷端温度补偿器的补偿法比其他修正方法方便，补偿精度也能满足热工测量的要求，是目前广泛采用的热电偶温度补偿处理方法。

在用热电偶进行温度测量时，除了常采用以上四种方法对热电偶的冷端温度进行补偿、修正外，仪表生产厂还常在与热电偶或辐射感温器配合使用的显示仪表的输入端增加仪表自动补偿电路，来实现冷端温度自动补偿，提高仪表测量的稳定性，从而提高温度测量的精度。

三、热电偶的应用

热电偶属于现场检测用温度仪表，在所有检测与控制仪表中使用最普遍、使用量最大。热电偶属于易消耗品，使用寿命长的有几年，短的只有几天甚至几小时。绝大多数企业都需要使用热电偶测温，主要集中在化工、冶金、机械、电力、建材等行业。

1. 热电偶在机械行业中的应用

机械行业大型热处理炉的温度均匀性测量非常重要，是决定炉子是否合格、所处理的工件是否合格的前提条件，亟需一种能测高温且柔韧性好、测温精度高、可靠性高的热电偶。如飞机机翼等大型部件，在整体进行热处理时，在几百立方米的加热空间里，要求温度均匀性不超过 ±6℃（二等炉子），而且为了适应为波音、空客生产配套零部件的需要，在校准测试或系统精度测试中还要求使用特1级测温准确度等级的金属热电偶（即±1.1℃或 ±0.4%）。以前这些企业普遍采用玻璃纤维或陶瓷纤维编织绝缘，或采用裸电偶丝穿瓷柱绝缘的软体K型热电偶，经常会因为耐温性或柔韧性或测温精度等问题难以满足测试需要。单芯铠装热电偶专为航空企业大型热处理炉的温度均匀性测试而研制，不仅完全满足了大型热处理炉的温度均匀性需要，还开创了一种全新结构的通用热电偶。

2. 热电偶在火电厂主蒸汽温度测量中的应用

N型热电偶在中子辐射环境下，具有良好的稳定性和耐辐射能力。N型热电偶在火电厂应用广泛。在火电厂机组蒸汽管道上放一个温度保护套管，将N型热电偶放入其内部，测量的温度将其转化为电动势，通过控制电动势来控制温度。

3. 热电偶在石油化工行业中的应用

石油化工行业大型加热炉的温度控制非常重要，是决定所生产的产品是否合格的重要条件。如催化剂厂生产的催化剂产品都需要严格的温度控制，如果温度控制不好，生产出来的产品就会报废，造成重大损失。能测高温且柔韧性好、测温精度高、可靠性高的热电偶在石油化工行业广泛应用。通常一个炉子内可能会有多只热电偶，每只热电偶有不同的功能，有的用于控制单元的采集，有的用于显示单元的采集。

案例分析

热电偶在炼铁高炉系统中的应用

图2-23为某炼铁厂高炉，本体自上而下分为炉喉、炉身、炉腰、炉腹、炉缸五部分。高炉生产时从炉顶装入铁矿石、焦炭、造渣用熔剂（石灰石），从位于炉子下部沿炉周的风口吹入经预热的空气（有的高炉也喷吹煤粉、重油、天然气等辅助燃料）。在高温下焦炭中的碳同鼓入空气中的氧燃烧生成的一氧化碳和氢气，在炉内上升过程中除去铁矿石中的氧，从而还原得到铁，炼出的铁水从出铁口排出。铁矿石中未还原的

杂质和石灰石等结合生成炉渣，从出渣口排出。产生的煤气从炉顶排出，经除尘后，作为热风炉、加热炉、焦炉、锅炉等的燃料。高炉冶炼的主要产品是生铁，还有副产高炉渣和高炉煤气。所以高炉炉体布满温度检测仪表，安装位置不同，炉体内温度不同，选用的温度检测仪表也不同。

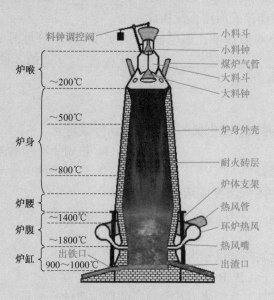

图 2-23　炼铁厂高炉结构示意图

热电阻一般用于中、低温度的检测，测温范围为 –200 ～ 500℃。热电偶一般用于 500℃以上温度环境的检测，如图 2-23 炉腰、炉腹、炉缸中使用了热电偶。常用热电偶测量炉温的系统图如图 2-24 所示。

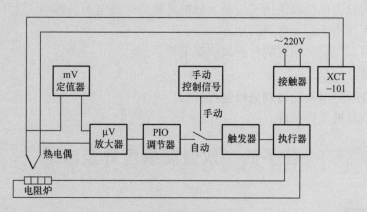

图 2-24　常用热电偶测量炉温的系统图

思考与练习

一、填空题

1. A、B 是由两种成分不同而互相具有一定_____的材料所构成的热电极，把它们一端焊接起来，另一端连接成回路，便构成一个_____。

2. 以构成材料的不同为标准，热电偶可分为国际通用分度号为_____、_____、_____、_____、_____、_____、_____、_____的 8 种热电偶。

3. 热电偶的冷端补偿方法有_____、_____、_____、_____。

二、选择题

1. （　　）的数值越大，热电偶的输出热电动势就越大。
A. 热端直径　　　　　　　　　　B. 热端和冷端的温度
C. 热端和冷端的温差　　　　　　D. 热电极的电导率

2. 欲测量 1000℃左右的温度应选用（　　）。
A. 集成温度传感器　　　　　　　B. 热电偶
C. 热敏电阻　　　　　　　　　　D 铂热电阻

3. 铂铑 13- 铂热电偶的分度号为（　　）。
A. R　　　　　　B. B　　　　　　C. E　　　　　　D. K

4. 在热电偶测温回路中经常使用补偿导线的最主要的目的是（　　）。
A. 补偿热电偶冷端热电动势的损失　　B. 起冷端温度补偿的作用
C. 将热电偶冷端延长到远离高温区的地方　　D. 提高灵敏度

三、判断题

1. 热电偶是接触式传感器。　　　　　　　　　　　　　　　（　　）
2. 热电偶一般用于 500℃以下中、低温度区域。　　　　　　（　　）
3. 热电偶与仪表连接都采用三线制，目的是消除引线电阻的影响。（　　）
4. 热电偶不能用于需要弯曲的地方。　　　　　　　　　　　（　　）
5. 热电偶可以用成分相同的材料做成热电极。　　　　　　　（　　）

四、简答题

1. 为什么要对热电偶的冷端进行温度补偿？
2. 简述热电偶的工作原理。

任务四　双金属温度计及应用

任务目标

知识目标：

1. 了解双金属温度计的检测原理。

2. 了解双金属温度计的结构及分类。

3. 了解电接点双金属温度计的检测原理和应用。

4. 了解双金属温度计的实际应用及接线。

能力目标：

能使用双金属温度计测量温度。

素养目标：

1. 培养积极动手操作的习惯，提高分析解决问题的能力。

2. 倡导小组协调和合作学习的精神。

 任务引入

在日常生活当中，温度控制时刻刻都存在着，图 2-25 所示为常见的电器设备。在电烤箱、电热锅等电器设备中，普遍采用双金属温控器来实现温度调节与控制。双金属温控器的感温和控温元件融于一体，其核心是双金属片。那么双金属温控器是如何测量温度的呢？带着这个问题，观察下面的实验：如图 2-26 所示为双金属温控开关与膨胀式温度计，按照图 2-27 连接电路，接通开关，观察对比双金属片远离高温源与靠近高温源时灯泡的发光情况，通过实验现象，思考双金属温度计的测温度原理。

a) 电烤箱   b) 电熨斗   c) 电热油汀

d) 空调   e) 电热锅   f) 电炖锅

g) 冷冻箱   h) 保鲜柜

图 2-25 常见的电器设备

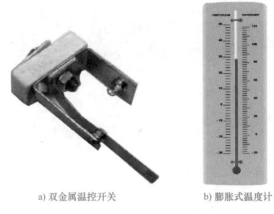

a) 双金属温控开关　　　　　　b) 膨胀式温度计

图 2-26　双金属温控开关与膨胀式温度计

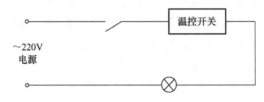

图 2-27　双金属温控开关演示电路

知识解析

一、双金属片工作原理及结构、分类

1. 双金属片的工作原理

在双金属温度计中，它的感温元件是双金属片。双金属片是由两层或两层以上具有不同热膨胀系数的金属或合金所组成的一种复合材料。当温度变化时，双金属片的曲率半径会发生相应的变化，自动地将热能转变成机械能。即当温度升高时，膨胀系数大的金属片的伸长量大，致使整个双金属片向膨胀系数小的金属片的一面弯曲，温度越高，弯曲程度越大。也就是说，双金属片的弯曲程度与温度的高低有对应的关系，从而可用双金属片的弯曲程度来指示温度。通常，将双金属片中膨胀系数小的一层称为被动层，将膨胀系数大的一层称为主动层，如图 2-28 所示。

双金属温度计 01

双金属温度计 02

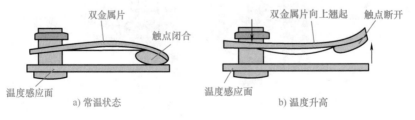

a) 常温状态　　　　　　b) 温度升高

图 2-28　双金属片工作原理示意图

生产实践中，常将双金属片制作成双金属温度控制器的感温元件，如双金属温度计和双金属温度继电器。由于双金属温控器结构简单、动作可靠、价格低廉，因此广泛应用于各种与温度有关的控制器、保护器，以及温度补偿和程序控制等装置中。

2. 双金属温度计的结构及原理

双金属温度计是自动连续记录温度变化的仪器，其感应元件由膨胀系数相差较大而弹性模量相近的两块金属片（常用的有殷钢和无磁钢）焊接而成。这种双金属片随温度的变形率接近线性，所以可用来测温。双金属温度计主要由指针盘、固定螺帽、外套、芯轴、双金属螺旋、固定端等组成，如图 2-29 所示。双金属温度计是将绕成螺纹旋形的热双金属片作为感温元件，并把它装在保护管内，其中一端固定，称为固定端，另一端连接在一根细轴上，称为自由端。在自由端芯轴上装有指针。当温度发生变化时，感温元件的自由端随之发生转动，带动芯轴上的指针产生角度变化，在标度盘上指示对应的温度。

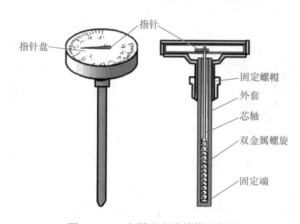

图 2-29　双金属温度计结构示意图

3. 双金属温度计分类

（1）按双金属温度计指针盘与保护管的连接方向分类　可以把双金属温度计按指针盘与保护管的连接方向分成轴向型、径向型、135°向型和万向型 4 种，如图 2-30 所示。

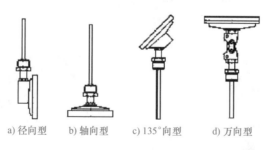

a) 径向型　　b) 轴向型　　c) 135°向型　　d) 万向型

图 2-30　双金属温度计

1）轴向型双金属温度计：指针盘与保护管垂直连接。

2）径向型双金属温度计：指针盘与保护管平行连接。

3）135°向型双金属温度计：指针盘与保护管呈 135° 连接。

4）万向型双金属温度计：指针盘与保护管连接角度可任意调整。

（2）按双金属温度计结构特点分类

1）户外型、重型双金属温度计。户外型双金属温度计是一种适合测量中低温度的现场检测仪表，可直接用来测量液体、气体的温度，如图 2-31 所示。

图 2-31　户外型双金属温度计

2）电接点型双金属温度计。电接点型双金属温度计是一种适合测量中低温度的现场检测仪表，可直接用来测量液体、气体的温度，可以实现温控，如图 2-32 所示。

3）耐振型双金属温度计。WSSXN 系列耐振型电接点双金属温度计是一种测量中低温度的现场检测仪表，可以直接测量各种生产过程中的 –80 ～ 500℃ 范围内的液体、蒸汽和气体介质及环境场所恶劣且有振动的温度，如图 2-33 所示。

图 2-32　电接点型双金属温度计

图 2-33　耐振型双金属温度计

4）一体化双金属温度计。一体化双金属温度计将热电阻或热电偶的信号远传功能与双金属温度计的就地指示功能相结合，既能满足现场测温需求，亦能满足远距离传输需求，远传双金属温度计可以直接测量各种生产过程中的 –40 ～ 600℃ 范围内液体、蒸汽和气体介质以及固体表面的温度，如图 2-34 所示。

5）热套管式双金属温度计。热套管式双金属温度计可配合各式安装套管，满足不同压力等级要求。热套管式双金属温度计可以直接测量各种生产过程中的 –80 ～ 500℃ 范围内液体、蒸汽和气体介质以及固体表面的温度，广泛应用于石油、化工、冶金、纺织、食品等行业，如图 2-35 所示。

图 2-34　一体化双金属温度计

图 2-35　热套管式双金属温度计

二、电接点型双金属温度计

1. 电接点型双金属温度计的工作原理

电接点型双金属温度计利用温度变化时带动触点变化，当其与上下限触点接触或断开的同时，使电路中的继电器动作，从而实现测温、自动控制及报警，如图 2-36 所示。

电接点型双金属温度计基于绕制成环形弯曲状的双金属片，当其一端受热膨胀时，带动指针旋转，工作仪表便显示出对应的温度值，并且为了防止环境振动，在双金属内部充装或者将双金属显示部分与测量部分分离以达到耐振的效果。

图 2-36　电接点型双金属温度计

2. 电接点型双金属温度计的应用

电接点型双金属温度计应用于生产现场对温度进行测量、自动控制和报警，可以直接测量各种生产过程中 –80 ～ 500℃范围内液体、蒸汽和气体介质的温度。

电接点型双金属温度计的优点：现场显示温度，直观方便；具有自动切断电源和报警功能；安全可靠，使用寿命长；多种结构形式，可满足不同要求。

三、双金属温度计的应用与安装

1. 双金属温度计的应用

双金属温度计是一种测量中低温度的现场检测仪表，可以直接测量各种生产过程中的 –80 ～ 500℃范围内液体、蒸汽和气体介质的温度。因其具有无汞害、易读数、坚固和耐振等优点，因此，广泛应用于石油、化工、机械、船舶等领域。

2. 双金属温度计的安装

双金属温度计正确安装方法如图 2-37 所示。

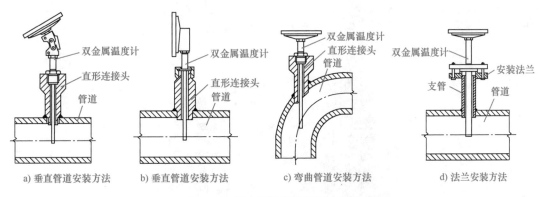

a) 垂直管道安装方法　　b) 垂直管道安装方法　　c) 弯曲管道安装方法　　d) 法兰安装方法

图 2-37　双金属温度计安装示意图

双金属温度计安装时，应注意有利于测温准确、安全可靠及维修方便，而且不影响设备运行和生产操作。要满足这些要求，在选择热电阻的安装位置和插入深度时要注意以下几点：

1）为了使热电阻的测量端与被测介质之间有充分的热交换，应合理选择测点位置，尽量避免在阀门、弯头及管道和设备的死角附近装设热电阻。

2）带有保护管的热电阻有传热和散热损失，为了减小测量误差，热电偶和热电阻应该有足够的插入深度。具体如下：

① 对于测量管道中心流体温度的热电阻，一般都应将其测量端插入到管道中心处（垂直安装或倾斜安装）。如被测流体的管道直径是200mm，则热电阻插入深度应选择100mm。

② 对于高温高压和高速流体的温度测量（如主蒸汽温度），为了减小保护管对流体的阻力和防止保护管在流体作用下发生断裂，可采取保护管浅插方式或采用热套式热电阻。浅插式的热电阻保护管，其插入主蒸汽管道的深度应不小于75mm；热套式热电阻的标准插入深度为100mm。

③ 假如需要测量的是烟道内烟气的温度，尽管烟道直径为4m，热电阻插入深度1m即可。

④ 当测量元件插入深度超过1m时，应尽可能垂直安装，或加装支撑架和保护管。

案例分析

双金属温度计在润滑油站的应用

设备在运转过程中存在摩擦，两个做相对运动或者有相对运动趋势的物体表面都存在摩擦，这种摩擦就是造成设备磨损的主要因素。润滑油是现代机械系统的基本要素之一，它的主要作用是减少运动物体之间的摩擦和磨损，提高机械效率，延长机械的工作寿命。除此之外，使用润滑循环系统还能起到冷却摩擦表面、带走磨损碎屑或其他颗粒污染物以及保护金属表面免遭腐蚀等有益作用。

图2-38为一风机、电动机润滑油站，用以为电动机两轴承、风机两轴承做润滑，保护设备正常运转。在油箱上安装有一只电接点型双金属温度计，目的是检测油箱内油的温度，并联锁电加热器。温度低于150℃时起动电加热器，高于230℃时停止电加热器。

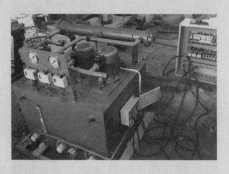

图2-38 风机、电动机润滑油站

思考与练习

一、填空题

1. 在双金属温度计中，它的感温元件是_____。

2. 双金属片是由两层或两层以上具有不同_____的金属或合金所组成的一种复合材料。

3. 当温度升高时，膨胀系数_____的金属片的伸长量大。温度越高，弯曲程度越_____。

4. 将双金属片中膨胀系数小的一层称为_____，将膨胀系数大的一层称为_____。

5. 双金属温度计是将绕成螺纹旋形的_____作为感温元件。

6. 按双金属温度计指针盘与保护管的连接方向可以把双金属温度计分成轴向型双金属温度计、_____、_____和_____4种。

二、判断题

1. 当温度升高时，双金属片向膨胀系数大的一面弯曲。　　　　　　（　　）

2. 双金属温度计可在表盘上看到具体温度数值，也能传输温度信号。　（　　）

3. 电接点型双金属温度计不能在指针盘上看到具体温度，但能传输温度信号。（　　）

三、简答题

已知某钢厂车间有一风机润滑系统。首先风机润滑油箱内的油通过油泵打到风机的轴承端，对风机轴承进行润滑，并且轴承的油再流回到润滑油箱内。现在要求检测油箱的油温，要让风机轴承始终有油流动，保证风机润滑良好，目的是保护风机设备，使生产正常运行。可使用的检测元件有热电阻、双金属温度计、电接点型双金属温度计。问：

1）如果需要在车间主控室看到具体温度示值，需要用哪种检测元件？简述检测流程。

2）如果只是现场岗位工作人员到油箱处看温度示值，需要用哪种检测元件？为什么？

3）如果需要联锁停机，需要哪种检测元件？简述检测流程。

任务五　热敏电阻及应用

任务目标

知识目标：

1. 了解热敏电阻的温度检测原理。

2. 了解热敏电阻的结构及分类。

3. 了解热敏电阻在生产生活中的应用。

4. 了解热敏电阻的主要技术指标含义。

能力目标：

1. 能用万用表测量热敏电阻的电阻信号。

2.掌握热敏电阻与温度数显表的连接方法。

素养目标：

1.培养全面分析和解决问题的能力。

2.培养勤观察、勤动手的良好习惯。

3.培养小组协调能力和合作学习的精神。

 任务引入

日常生活中，在一些公共场所经常可以看到室内、外温度动态显示电子屏，其中采用了热敏电阻进行动态测温。热敏电阻能测量温度，还能进行温度控制，它有哪些特性呢？带着这个问题，观察下面的实验：如图 2-39 所示为热敏电阻与膨胀式温度计，分别将负温度系数热敏电阻与正温度系数热敏电阻按图 2-40 实验装置放到不同温度的水中，用万用表测量对应的热敏电阻的电阻值填入表 2-5，对比温度值和对应的电阻值之间的关系，通过对比发现规律。

a) 热敏电阻

b) 膨胀式温度计

图 2-39　热敏电阻与膨胀式温度计

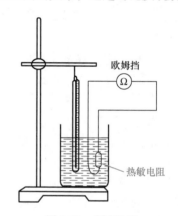

图 2-40　实验装置

表 2-5　热敏电阻实验数据

温度 /℃							
电阻 /Ω（负温度系数热敏电阻）							
电阻 /Ω（正温度系数热敏电阻）							

 知识解析

一、热敏电阻

1.生活中的各种热敏电阻

热敏电阻是近年来出现的一种新型半导体测温元件。从电阻体的形状来说，有玻璃管形、圆片形（片状）、圆圈形（包括垫圈形）、杆形（包括管形）、珠形、线形、薄膜形等，如图 2-41 所示。

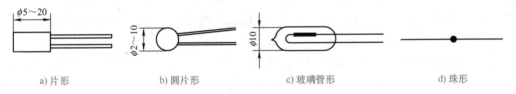

a) 片形　　　b) 圆片形　　　c) 玻璃管形　　　d) 珠形

图 2-41　热敏电阻的外形

1）片形。片形热敏电阻通过粉末压制、烧结成形，适合大批量生产。由于片形体积大，因此功率也较大。在圆片形热敏电阻器中心留一个圆孔，便成为垫圈形，它便于用螺钉固定散热片，因此功率可以更大，也便于把多个元件进行串、并联。

2）杆形。热敏电阻用挤压工艺可做成杆形或管形，杆形比片形容易制成高阻值元件。管形内部加电极又易于得到低阻值，因此，其阻值调整方便，阻值范围广。

3）线形。线形热敏电阻由在金属管的中心（管的中心有一金属丝）灌注已烧结好的粉状热敏材料后拉伸而成，适于缠绕、粘附在物体上作为温度控制或报警用。

4）珠形。珠形热敏电阻在两根丝间滴上糊状热敏材料的小珠后烧结而成，铂丝作为电极一般用玻璃壳或金属壳密封。其特点是热惰性小、稳定性好，但功率小。

5）薄膜形。薄膜形热敏电阻用溅射法或真空蒸镀成形。其热容量和时间常数很小，一般可作红外探测器和流量检测。

2. 热敏电阻的结构

图 2-42 为热敏电阻的结构示意图。其中热敏电阻的图形符号如图 2-43 所示。

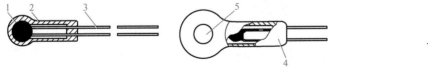

图 2-42　热敏电阻的结构示意图　　　　图 2-43　热敏电阻的图形符号

1—热敏电阻　2—玻璃外壳　3—引出线　4—纯铜外壳　5—传感安装孔

3. 热敏电阻的基本参数

（1）标称电阻 R_{25}（Ω）

标称电阻 R_{25}（Ω）是热敏电阻在 25℃ 时的阻值。标称电阻大小由热敏电阻的材料和几何尺寸决定。如果环境温度 t 不是（25±0.2）℃，而在 25～27℃ 之间，则可按下式将热敏电阻换算成 25℃时的阻值，即

$$R_t = \frac{R_{25}}{1 + \alpha_{25}(t-25)}$$

式中，R_{25} 为热敏电阻温度为 25℃时的阻值；R_t 为热敏电阻温度为 t 时的实际电阻值；α_{25} 为被测热敏电阻在 25℃时的电阻温度系数。

（2）材料常数 B（K）

材料常数 B 是描述热敏材料物理特性的一个常数，其大小取决于热敏电阻材料的激活能 ΔE，且 $B = \Delta E/2k$，k 为玻耳兹曼常数。一般 B 越大，热敏电阻阻值越大，灵敏度越高。在工作温度范围内，B 值并不是一个严格的常数，它随着温度升高略有增加。

（3）电阻温度系数 α_t（%/℃）

电阻温度系数 α_t 是指热敏电阻的工作温度变化 1℃ 时其阻值变化率与其值之比，即

$$\alpha_t = \frac{1}{R_T} = \frac{\mathrm{d}R_T}{\mathrm{d}T}$$

式中，α_t 和 R_T 为与温度 T（K）相对应的电阻温度系数和阻值。α_t 决定热敏电阻在全部工作范围内的温度灵敏度。一般说来，电阻变化率越大，电阻温度系数也就越大。

（4）时间常数 τ（s）

时间常数 τ 定义为热容量 C 与耗散系数 H 之比，即

$$\tau = C/H$$

时间常数值等于热敏电阻在零功率测量状态下，当环境温度突变时热敏电阻随温度变化从起始温度变化到最终温度的 63.2% 所需的时间。时间常数表征热敏电阻加热或冷却的速度。

（5）耗散系数 H（mW/℃）

耗散系数 H 是指热敏电阻温度变化 1℃ 所耗散的功率。其大小与热敏电阻的结构、形状以及所处介质的种类、状态等有关。

（6）最高工作温度 T_{max}（K）

最高工作温度 T_{max} 是指热敏电阻在规定的技术条件下长期连续工作所允许的温度，即

$$T_{max} = T_0 + P_e/H$$

式中，T_0 为环境温度（K）；P_e 为环境温度 T_0 时的额定功率；H 为耗散系数。

（7）额定功率 P_e（W）

额定功率 P_e 是热敏电阻在规定的技术条件下长期连续工作所允许的耗散功率，在此条件下热敏电阻自身温度不应超过 T_{max}。

（8）测量功率 P_c（W）

测量功率 P_c 是指热敏电阻在规定的环境温度下，由测量电流加热而引起的电阻值变化不超过 0.1% 时所消耗的功率，即

$$P_c \leqslant H/(1000\alpha_t)$$

4. 热敏电阻的特点

1）灵敏度较高，其电阻温度系数要比金属大 10 ~ 100 倍以上。

2）工作温度范围宽，常温器件适用于 −55 ~ 315℃，高温器件适用温度高于 315℃（目前最高可达到 2000℃），低温器件适用于 −273 ~ 55℃。

3）体积小，能够测量其他温度计无法测量的空隙、腔体及生物体内血管的温度。

4）使用方便，电阻值可在 0.1 ～ 100kΩ 间任意选择。

5）易加工成复杂的形状，可大批量生产。

6）稳定性好、过载能力强。

7）电阻值随温度呈非线性变化，元件的稳定性及互换性差。

热敏电阻一般用金属氧化物陶瓷半导体材料或碳化硅材料制成，粉状材料经过成型、烧结等工艺制成热敏电阻。按照电阻值与温度变化的规律，热敏电阻分成两大类：负温度系数（NTC）型和正温度系数（PTC）型。

二、正温度系数热敏电阻及其应用

1. 认识正温度系数热敏电阻

正温度系数（PTC）热敏电阻通常是在由 $BaTiO_3$ 和 $SrTiO_3$ 为主的成分中加入少量 Y_2O_3 和 Mn_2O_3 构成的烧结体，其电阻随温度增加而增加。开关型 PTC 热敏电阻在居里点附近阻值发生突变，有斜率最大的曲段，即电阻值突然迅速升高。PTC 热敏电阻适用的温度范围为 –50 ～ 150℃，主要用于过热保护及作为温度开关。

图 2-44 为热敏电阻的电阻 – 温度特性曲线，其中 PTC 热敏电阻的特性曲线 3 为突变型，曲线 4 为缓变型，前者用于恒温加热控制或温度开关，后者由于温度范围比较宽，可用于温度测量或温度补偿。

具有突变特性的热敏电阻一般适合制造开关型温度传感器，用于检测温度是否超过某一规定值。例如，有一种恒温电烙铁，就是利用 PTC 热敏电阻的特性，当温度超过规定值时，电阻变大，电流变小，发热降低，保持电烙铁温度基本不变。缓慢变化的热敏电阻一般适合制造连续作用的温度传感器。

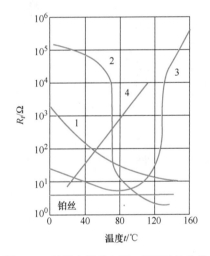

图 2-44 热敏电阻的电阻 – 温度特性曲线
1—NTC 2—CTR 3—突变型 PTC 4—缓变型 PTC

PTC 热敏电阻由 $BaTiO_3$ 掺和稀土元素烧结而成，一般用于彩电消磁、各种电器设备的过热保护、发热源的定温控制，在电路中可充当限流元件。

目前大量使用的 PTC 热敏电阻种类有：恒温加热用 PTC 热敏电阻、低电压加热用 PTC 热敏电阻、空气加热用 PTC 热敏电阻、过电流保护用 PTC 热敏电阻、过热保护用 PTC 热敏电阻、温度传感用 PTC 热敏电阻、延时启动用 PTC 热敏电阻。

2. 正温度系数热敏电阻的应用

电冰箱是日常生活中最常见的家用电器，其中便利用了热敏电阻。电冰箱控制系统主要包括温度自动控制、除霜温度控制、流量自动控制、过热及过电流保护等。完成这些控制需要使用检测温度和流量（或流速）的传感器。

常见的电冰箱电路主要由温度控制器、温度显示器、PTC 启动器、除霜温控器、电动机保护装置、开关、风扇及压缩机电动机等组成。

（1）压力式温度传感器

压力式温度传感器有波纹管式和膜盒式两种形式，主要用于温度控制器和除霜温控器。如图 2-45 所示，传感器由波纹管（或膜盒）与感温管连成一体，内部填充感温剂。

（2）热敏电阻式温控电路

热敏电阻式温控电路如图 2-46 所示。热敏电阻 R_t 与电阻 R_3、R_4、R_5 组成电桥，经 IC1 组成的比较器、IC2 组成的触发器、驱动管 VT、继电器 K 控制压缩机电动机的启停。

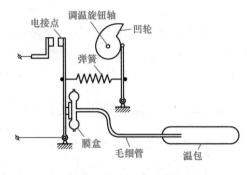

图 2-45 压力式温度传感器

（3）热敏电阻除霜温度控制

用热敏电阻组成的除霜温控电路，使除霜以手动开始、自动结束，实现了半自动除霜。

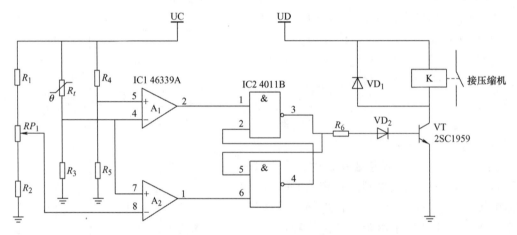

图 2-46 热敏电阻式温控电路

三、负温度系数热敏电阻及其应用

1. 认识负温度系数热敏电阻

负温度系数（NTC）热敏电阻通常是一种氧化物的复合烧结体，其电阻随温度升高而降低，具有负的温度系数，特别适合 $-100 \sim 300\,℃$ 范围的温度测量。NTC 热敏电阻的电阻 – 温度特性可表示为

$$R_T = R_{T0} \exp B \left(\frac{1}{T} - \frac{1}{T_0} \right)$$

式中，R_T 为热力学温度为 T 时热敏电阻的阻值；R_{T0} 为热力学温度为 T_0 时热敏电阻的阻值；B 为 NTC 热敏电阻的热敏指数。

NTC 热敏电阻的电阻 – 温度特性曲线见图 2-44，曲线 1 为缓变型（变化缓慢）NTC 热敏电阻，主要用于测量温度；曲线 2 为临界温度热敏电阻（CTR）（变化剧烈），一般用作无触头开关，当达到临界温度时，这种元件的阻值会发生急剧转变。

NPC 热敏电阻主要由锰、钴、镍、铁、铜等金属氧化物混合烧结而成，一般用于点温、表面温度、温差、温场等测量自动控制及电子线路的热补偿线路。CTR 型热敏电阻由钒、钡、锶、磷等元素氧化物混合烧结而成，是半玻璃状的半导体，在某个温度上电阻值急剧变化，具有开关特性，一般用作温度开关，可用于控温报警等。

PTC 和 CTR 热敏电阻最适合制造位式作用的温度传感器，而 NTC 热敏电阻适合制造连续作用的温度传感器。PTC 和 CTR 热敏电阻的特性，对用于检测温度是否超过某一规定值非常有用。如电饭煲的恒温控制，就可以利用 PTC 热敏电阻的特性，当温度超过规定值时，电阻变大，电流减小，发热降低，保持锅内温度基本不变。

2. 负温度系数热敏电阻的应用

传统的玻璃水银（汞）体温计在测量体温时不仅使用不便，而且还存在着安全隐患。用玻璃水银体温计给婴幼儿测量体温具有一定的危险性，体温计水银囊外的玻璃壳易碎，一旦不慎被咬碎，极易导致汞的外泄污染与中毒，目前逐渐换代升级为安全环保的电子体温计，如图 2-47 所示。

电子体温计电路如图 2-48 所示。热敏电阻 R_t 和 R_1、R_2、R_3 及 RP_1 组成电桥。温度为 20℃时，选择 R_1、R_3 并调节 RP_1，使电桥平衡。当温度升高时，热敏电阻 R_t 的阻值变小，电桥处于不平衡状态，电桥输出的不平衡电压由运算放大器放大，放大后的不平衡电压引起接在运算放大器反馈电路中的微安表发生相应偏转，再将微安表数值转换为对应的温度数值，即可实现温度的测量。图中热敏电阻的阻值为 500 ～ 5000Ω。本例中选用的热敏电阻阻值为 1000Ω。

图 2-47　电子体温计

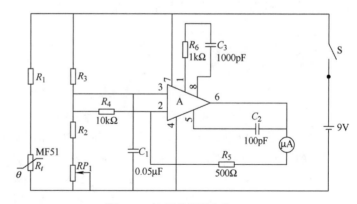

图 2-48　电子体温计电路

四、热敏电阻的应用

由于半导体热敏电阻独有的性能，它不仅可以作为测量元件，还可以作为控制元件和电路补偿元件。热敏电阻广泛用于家用电器、电力工业、通信、军事科学、宇航等各个领域。

1. 温度测量

热敏电阻传感器一般结构较简单，价格较廉。没有外面保护层的热敏电阻只能应用于干燥的地方；密封的热敏电阻不怕湿气的侵蚀，可以使用在较恶劣的环境下。由于热敏电阻传感器的阻值较大，故其连接导线的电阻和接触电阻可以忽略，因此热敏电阻传感器可以在长达几千米的远距离温度测量中应用，测量电路多采用桥路。

2. 温度补偿

热敏电阻传感器可在一定的温度范围内对某些元器件温度进行补偿。当因过载而使电流和温度增加时，热敏电阻阻值加大，反向下拉电流，起到补偿、保护等作用。此时应注意热敏电阻需串接在电子线路中。例如，动圈式仪表表头中的动圈由铜线绕制而成，温度升高，电阻增大，引起温度误差。因此，可以在动圈的回路中将 NTC 热敏电阻与锰铜丝电阻并联后再与被补偿元器件串联，从而抵消由于温度变化所产生的误差。

3. 过热保护

在小电流场合，可把热敏电阻传感器直接串入负载中，防止过热损坏以保护器件；在大电流场合，热敏电阻可用于继电器、晶体管电路等的保护。例如，在电动机的定子绕组中嵌入突变型 PTC 热敏电阻传感器并与继电器串联，当电动机过载时，定子电流增大，引起发热。当温度大于突变点时，电路中的电流可以由十分之几毫安突变为几十毫安，因此继电器动作，从而实现过热保护。

4. 液面测量

给 NTC 热敏电阻传感器施加一定的加热电流，其表面温度将高于周围的空气温度，此时它的阻值较小。当液面高于其安装高度时，液体将带走热敏电阻的热量，使温度下降、阻值升高。判断热敏电阻阻值的变化，就可以知道液面是否低于设定值。汽车油箱中的油位报警传感器就是利用以上原理制造的。

📺 案例分析

热敏电阻温度检测在生活中的应用

热敏电阻器是电阻值对温度极为敏感的一种电阻器，也称半导体热敏电阻器。它可由单晶、多晶以及玻璃、塑料等半导体材料制成。热敏电阻有随着温度变化而阻值改变的特性，且因热敏电阻元件具有无损耗、无滞后现象等优点，被广泛用于汽车空调控制电路、检测发动机冷却水温度、电动机等设备保护、液面监测等各个方面，而热敏电阻在豪华轿车上的装配数量也达到几十种。图 2-49 为汽车系统温度检测示意图。

1）在温度检测方面，热敏电阻在汽车上主要用于空调的温度控制，监测发动机冷却液温度、进气温度、排气温度、燃料温度、机油温度、变速器油温度、座椅温度、催化转换器、挡风玻璃温度等。

2）在汽车电动机及电路保护控制方面，热敏电阻在汽车上的应用有中央门锁装置、遮阳篷顶、座椅调节装置、挡风玻璃刮水器电动机等。

图 2-49　汽车系统温度检测示意图

3）在液面高度监测方面，热敏电阻在汽车上的应用有制动液面监测、发动机机油及冷却液液面高度监测、燃油高度监测等。

思考与练习

一、填空题

1. 热敏电阻按其基本性能可分为两种类型，分别是_____型和_____型。

2. 对于正温度系数热敏电阻，温度升高，阻值_____；对于负温度系数热敏电阻，温度升高，阻值_____。

3. 正温度系数热敏电阻简称_____，负温度系数热敏电阻简称_____，把具有临界温度特性的负温度系数热敏电阻简称为_____。

二、判断题

1. 热敏电阻由于稳定性和互换性较差，不可用于高精度测温场合。　　　　　（　　　）

2. 热敏电阻可测量 1000℃的温度。　　　　　（　　　）

3. 一般热敏电阻与仪表连接都采用三线制或四线制。　　　　　（　　　）

三、简答题

1. 怎样从实验数据上区分 NTC 和 PTC 热敏电阻？对 NTC 和 CTR 热敏电阻又该如何进行区分？

2. 举例说明热敏电阻在家用电器中的应用。

3. 简述热敏电阻测量温度的原理。

4. 搜集资料，查找一种应用热敏电阻的家用电器，并列举其主要技术指标。

项目三 压力测量

项目描述

在生产、科研和日常生活中，进行压力检测与控制是保证生产工艺要求、设备与人身安全所必须的。本项目主要介绍各类压力检测传感器的原理、特性及应用。

项目目标

通过本项目学习，了解压力的基本概念，学会识别常用的压力传感器，了解其基本结构和工作原理，通过实验掌握各类压力传感器的基本特性、接线方法和实际应用。

任务一 压力测量的一般概念及压力传感器介绍

任务目标

知识目标：

1. 了解压力相关的基本概念。
2. 了解压力的测量原理。
3. 了解压力传感器。

能力目标：

学会识别常用的压力传感器。

素养目标：

1. 培养多角度分析问题和解决问题的能力。
2. 树立最优化解决问题的思想，倡导合作学习的精神。

任务引入

在日常生活中，力和压力的检测、调节与控制随处可见，如图 3-1 所示。如家用高压锅、各种汽罐体上的减压阀等都是常见的压力调节装置。火力发电厂锅炉蒸汽压力的检测与控制是保证发电设备安全、经济运行的重要措施。本任务主要介绍一些检测力和压力的压力传感器。

a) 电子计价秤　　　　b) 人体计重秤　　　　c) 测量汽车载重　　　d) 对斜拉桥钢索进行应变测试

图 3-1　压力传感器

 知识解析

一、压力的概念及测量的重要性

1. 压力的概念

压力是工业生产过程中的重要参数之一，为了保证生产正常运行，必须对压力进行检测和控制。如在化学反应中，压力既影响物料平衡，又影响化学反应速度，所以必须严格遵守工艺操作规程，对压力进行测量或控制，以保证工艺过程的正常进行。其次，压力测量或控制也是安全生产所必需的，通过压力监视可以及时防止生产设备因过压而引起破坏或爆炸。在热电厂中，炉膛负压反映了送风量与引风量的平衡关系，炉膛压力的大小还与炉内稳定燃烧密切相关，直接影响机组的安全经济运行。

（1）压力的单位

工程技术上，压力对应于物理概念中的压强，即指均匀而垂直作用于单位面积上的力，用符号 p 表示。在国际单位制中，压力的单位为帕〔斯卡〕，用符号 Pa 表示，其物理意义是 1N 力垂直均匀地作用于 $1m^2$ 面积上所产生的压力称为 1Pa。

$$1Pa = \frac{1N}{1m^2}$$

目前在工程技术上仍使用的压力单位还有工程大气压、标准大气压、巴、毫米汞柱和毫米水柱等。我国规定将国际单位帕斯卡作为压力的法定计量单位。

（2）压力的表示方法

在测量中，压力有三种表示方法，即绝对压力、表压力、真空度或负压，此外，还有压力差（差压）。

1）绝对压力是指被测介质作用在物体单位面积上的全部压力，是物体所受的实际压力。

2）表压力是指绝对压力与大气压力的差值。当差值为正时，称为表压力，简称压力；当差值为负时，称为负压或真空，该负压的绝对值称为真空度。

3）差压是指两个压力的差值。习惯上把较高一侧的压力称为正压力，较低一侧的压力称为负压力。但应注意的是，正压力不一定高于大气压力，负压力也并不一定低于大气压力。

各种工艺设备和测量仪表通常处于大气之中，也承受着大气压力，因此只能测出绝对压力与大气压力之差，工程上经常采用表压力和真空度来表示压力的大小。所以，一般的压力测量仪表所指示的压力也是表压力或真空度。因此，以后所提压力，在无特殊说明外，均指表压力。

2.压力测量的主要方法及分类

目前，压力测量的方法很多，按照信号转换原理的不同，一般可分为四类。

（1）液柱式压力测量

液柱式压力测量是根据流体静力学原理，把被测压力转换成液柱高度差进行测量。测量仪器——液柱式压力计如图3-2所示。一般采用充有水或汞等液体的玻璃U形管或单管进行小压力、负压和差压的测量。

（2）弹性式压力测量

弹性式压力测量是根据弹性元件受力变形的原理，将被测压力转换成弹性元件的位移或力进行测量。测量仪器——弹性式压力计如图3-3所示。常用的弹性元件有弹簧管、弹性膜片和波纹管。

图3-2　液柱式压力计

图3-3　弹性式压力计

（3）电气式压力测量

电气式压力测量是利用敏感元件将被测压力直接转换成各种电量进行测量，如电阻、电容量、电流及电压等。

（4）活塞式压力测量

活塞式压力测量是根据液压机液体传送压力的原理，将被测压力转换成活塞面积上所加平衡砝码的重力进行测量。该方法普遍用来作为标准仪器对压力测量仪表进行检定，如压力校验台。测量仪器——活塞式压力计结构如图3-4所示，主要由压力发生部分和测量部分组成。

1）压力发生部分。压力发生部分主要指手摇泵，通过加压手轮旋转丝杠，推动工作活塞（手摇泵活塞）挤压工作液，将待测压力经工作液传给测量活塞。工作液一般采用洁净的变压器油或蓖麻油等。

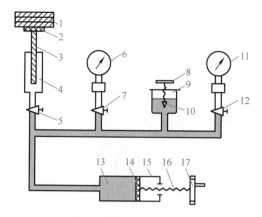

图 3-4　活塞式压力计结构

1—砝码　2—砝码托盘　3—测量活塞　4—活塞筒　5、7、12—切断阀　6—标准压力表　8—进油阀手轮　9—油杯
10—进油阀　11—被校压力表　13—工作液　14—工作活塞　15—手摇泵　16—丝杠　17—加压手轮

　　2）测量部分。测量活塞上端的砝码托盘上放有荷重砝码，将活塞插入活塞筒内，下端承受手摇泵挤压工作液所产生的压力 p_0，当作用在活塞下端的油压与活塞、托盘及砝码的质量所产生的压力相平衡时，活塞就被托起并稳定在一定位置上，这时压力表的示值为

$$p = \frac{(m_1 + m_2 + m_3)g}{A}$$

式中，p 为被测压力（Pa）；m_1、m_2 和 m_3 为活塞、托盘和砝码的质量（kg）；A 为活塞承受压力的有效面积（m²）；g 为活塞式压力计使用地点的重力加速度（m/s²）。

　　在工业生产过程中，常使用弹性式压力仪表进行就地显示，使用电气式压力仪表进行压力信号的远传。

二、压力传感器简介

　　压力传感器是工业生产中最为常用的一种传感器，广泛应用于各种工业自控环境，涉及水利水电、铁路交通、智能建筑、生产自控、航空航天、军工、石化、油井、电力、船舶、机床、管道等众多行业。

　　目前常用的测力和压力的传感器有电阻应变式压力传感器、压阻式压力传感器和压电式压力传感器。

1. 电阻应变式压力传感器

　　电阻应变式压力传感器是将被测的动态压力作用在弹性敏感元件上，使它产生变形，在其变形的部位粘贴有电阻应变片，电阻应变片感受动态压力的变化，如图 3-5 所示。

　　常用的电阻应变式压力传感器包括测低压用的膜片式压力传感器、测中压用的膜片–应变筒式压力传感器、测高压用的应变筒式压力传感器。

　　1）膜片式压力传感器不宜测量较大的压力，当变形大时，非线性误差较大；在小压力测量中，由于变形很小，非

图 3-5　电阻应变式压力传感器

线性误差可小于 0.5%。膜片式压力传感器具有较高的灵敏度，在冲击波的测量中可用膜片式压力传感器。

2）膜片–应变筒式压力传感器具有较高的强度和抗冲击稳定性，以及优良的静态特性、动态特性和较高的自振频率（可达 30kHz 以上），测量的上限压力可达 9.6MPa。适用于测量高频脉动压力，又加上强制水冷却，也适用于高温下的动态压力测量，如火箭发动机的压力测量，内燃机、压气机等的压力测量。

3）应变筒式压力传感器可以利用活塞将被测压力转换为力传递到应变筒上，或通过垂链形状的膜片传递被测压力。应变筒式压力传感器的结构简单、制造方便、适用性强，在火箭弹、炮弹和火炮的动态压力测量方面应用广泛。

2. 压阻式压力传感器

压阻式压力传感器是由平面应变传感器发展起来的一种新型压力传感器。它以硅片作为弹性敏感元件，在该膜片上用集成电路扩散工艺制成四个等值导体电阻，组成惠斯通电桥，当膜片受力后，由于半导体的压阻效应，电阻值发生变化，由电桥输出测得压力的变化，如图 3-6 所示。

压阻式压力传感器的优点：频率响应快；体积小、耗电少；灵敏度高、精度高，测量精度可达 0.1%；无运动部件（敏感元件与转换元件一体）。缺点：温度特性差，工艺复杂，量程小，不耐腐蚀。

在航天和航空工业中，压力是一个关键参数，对静态和动态压力、局部压力和整个压力场的测量都要求很高的精度。因此，压阻式压力传感器是用于这方面的较理想的传感器。如用于测量直升机机翼的气流压力分布，测试发动机进气口的动态畸变、叶栅的脉动压力和机翼的抖动等。

3. 压电式压力传感器

压电式压力传感器是利用压电材料的压电效应，将压力转换为相应的电信号，经放大器、记录器得到待测的动态压力参数，如图 3-7 所示。

图 3-6　压阻式压力传感器

图 3-7　压电式压力传感器

压电式压力传感器的优点是频带宽、灵敏度高、信噪比高、结构简单、工作可靠和质量轻等。缺点是某些压电材料需要采取防潮措施，而且输出的直流响应差，需要采用高输入阻抗电路或电荷放大器来克服这一缺陷。因此，压电式压力传感器广泛应用在生物医学测量中，如心室导管式微音器就是由压电式压力传感器制成。压电式压力传感器常用于动态压力测量，应用非常广泛。

思考与练习

一、填空题

1. 压强是_____。

2. 压力的符号用_____表示，压力的单位是_____，用_____表示。

3. 压力有三种表示方法，即_____、_____、_____。

4. 压力测量的方法很多，按照信号转换原理的不同，一般可分为四类，即_____、_____、_____、_____。

二、判断题

1. 工程技术上，压力对应于物理概念中的压强。 （　　）

2. 表压力是指绝对压力与大气压力的差值。 （　　）

3. 绝对压力是指被测介质作用在物体单位面积上的全部压力。 （　　）

4. 差压是指两个绝对压力的差值。 （　　）

三、简答题

1. 简述压阻式压力传感器的优缺点。

2. 简述压电式压力传感器的优缺点。

任务二　弹簧管压力表及选用

 任务目标

知识目标：

1. 了解波纹管的结构及其工作原理。

2. 了解弹性敏感元件的定义及特性。

3. 了解弹簧管压力表的结构及其工作原理。

4. 了解弹簧管压力表的安装事项。

能力目标：

1. 能利用弹簧管压力表进行压力检测。

2. 能正确可靠地安装弹簧管压力表。

素养目标：

1. 养成独立思考和动手操作的习惯。

2. 培养小组协调能力和合作学习的精神。

 任务引入

日常生产和生活中常见的压力表就是弹簧管压力表。图3-8为气动系统三联件及压力表。它属于就地指示型压力表，就地显示压力的大小，没有远程传送显示、调节功能，可以通过调节三联件减压阀旋钮输出不同的压力，并在压力表上进行显示。那么，弹簧管压力表是如何测出压力的呢？

 知识解析

一、弹性敏感元件

在压力传感器中，用于测量的弹性元件称为弹性敏感元件。

1. 定义

如果在外力去掉后能完全恢复其原来的尺寸和形状，那么这种变形称为弹性变形。具有弹性变形特性的物体称为弹性敏感元件。

图 3-8　气动系统三联件及压力表

2. 常见的弹性敏感元件

弹性敏感元件具有好的弹性特性、足够的精度等，在传感器中应用广泛，所以它对于制作弹性敏感元件的材料，要求其弹性模量的温度系数要小，要有良好的机械加工和热处理性能等。国内通常使用合金钢、碳钢、铜合金和铝合金等材料制作弹性敏感元件。

（1）膜片、膜盒

膜片是一种周边固定的圆形弹性薄片，如图 3-9 所示。根据轴向截面形状的不同可分为平膜片和波纹膜片两种。把两个膜片沿边缘焊接在一起可制成膜盒。在输入量相同的条件下，膜盒的输出位移比膜片增大近一倍，提高了测量灵敏度。膜片和膜盒主要用作测量压力、压差的弹性敏感元件，或者用作隔离两种流体介质，即隔离膜片。

（2）波纹管

波纹管是一种具有环形波纹的圆柱形薄壁管，如图 3-10 所示。金属波纹管具有补偿管线热变形、减振、吸收管线沉降变形等作用，广泛应用于石化、仪表、航天、化工、电力、水泥和冶金等行业。

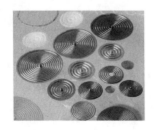

图 3-9　膜片

图 3-10　金属波纹管

（3）弹簧管

弹簧管又称波登管，它是一根弯成 270° 圆弧的扁圆或椭圆形截面的空心金属管，大多数是 C 形弹簧管，如图 3-11 所示。弹簧管主要用作压力测量仪表中的检出元件。

二、弹簧管的分类

弹簧管是将压力转化成位移或机械力的主要弹性元件之一，它是用弹性材料制作的、弯成 C 形、螺旋形和盘簧形等形状的中空管。常见的截面形状有椭圆形、扁形、圆形，如图 3-12 所示。其中扁管适用于低压，圆管适用于高压，盘成螺旋形的弹簧管可用于要求弹簧管有较大位移的仪表中。

图 3-11　C 形弹簧管

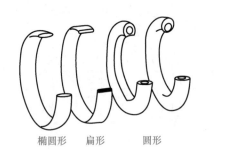

椭圆形　扁形　圆形

a) C 形弹簧管　　　　　　　　b) 螺旋形弹簧管

图 3-12　弹簧管截面形状

1. 按材质分类

1）锡磷青铜：适用于普通压力表，测量对铜及铜合金无腐蚀性的介质，–40℃ < 介质温度 <170℃，精度最高为 1%。

2）黄铜：测量介质为乙炔（易燃易爆物品）。

3）铍青铜：测量压力范围≤10MPa。

4）铬钒钢：测量压力范围≥16MPa。

5）不锈钢：分 304、316（316L）两种，均适用于高温（大于 80℃）、有腐蚀性介质压力测量，170℃≤介质温度≤450℃。其中 316（316L）不锈钢的耐腐蚀性高于 304 不锈钢，可用于食品、医药行业，被称为"卫生型不锈钢"。

2. 按形状分类

弹簧管按形状可分为 C 形管和螺旋管。

3. 按压力表的测量范围分类

弹簧管按压力表的测量范围可分为微压、低压、中压、高压弹簧管。

三、弹簧管压力表的结构及工作原理

1. 结构

弹簧管压力表属于就地指示型压力表，其结构主要由弹簧管、拉杆、扇形齿轮、中心齿轮、指针、刻度面板、游丝、调整螺钉、接头等组成，如图 3-13 所示。

2. 工作原理

弹簧管压力表通过一弯成圆弧形的弹簧管作为测量元件，弹簧管一端固定，并通过接头与被测介质相连；另一端封闭，为自由端。自由端与连杆、扇形齿轮相连，扇形齿轮又和机心齿轮咬合组成传动放大装置。弹簧管压力表通过表内的弹性敏感元件——波登管的弹性形变，再由表内机芯的转换机构将压力形变传导至指针，引起指针转动来显示压力，如图 3-14 所示。

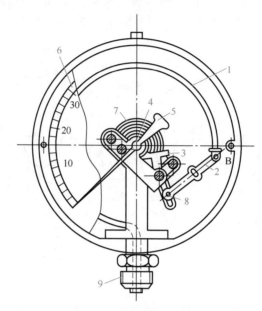

图 3-13 弹簧管压力表结构

1—弹簧管 2—拉杆 3—扇形齿轮 4—中心齿轮 5—指针

6—刻度面板 7—游丝 8—调整螺钉 9—接头

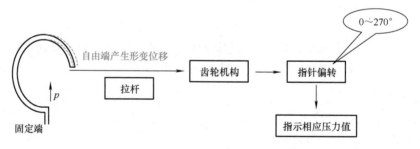

图 3-14 弹簧管压力表测压原理

3. 弹簧管压力表的选用原则

1）根据使用环境和被测介质的性质，选择合适类型的压力表。

2）根据工艺设备要求，选择压力表外壳直径，受压容器一般安装直径为 100 ～ 150mm 的压力表。

3）根据所测介质的工作压力要求，选择压力表量程，要求被测压力值一般在压力表使用量程范围的 1/3 ～ 2/3。

4）根据容器的压力等级和实际工作需要，选择压力表准确度等级。常用准确度等级为 1.0 级、1.6 级、2.0 级、2.5 级、4.0 级。

案例分析

锅炉中的压力检测

锅炉是一种能量转换设备，向锅炉输入的能量有燃料中的化学能、电能、高温烟气的热能等，经过锅炉转换，向外输出具有一定热能的蒸汽、高温水或有机热载体，如图3-15所示。锅炉多用于火电站、船舶、机车和工矿企业。

图3-15 锅炉设备

锅炉的"锅"与"炉"两部分同时进行。在汽水系统中，水进入锅炉以后，锅炉受热面将吸收的热量传递给水，使水加热形成一定温度和压力的热水或生成蒸汽，输出应用。在燃烧设备部分，燃料燃烧放出热量，通过热的传播将热量传递给锅炉受热面，而本身温度逐渐降低，最后由烟囱排出。蒸汽锅炉锅内的水吸收热量后，由液体状态变成气体状态，其体积增大很多，由于锅炉是密闭的容器，因而限制了水汽的自由膨胀，结果就使锅炉各受压部件受到了水汽压力的作用。所以，锅炉必须安装压力表，一般安装弹簧管压力表。

思考与练习

一、填空题

1. 弹簧管压力表属于_____指示型压力表，它是通过表内的_____的弹性变形引起指针转动来显示压力。

2. 弹簧管又称_____，它是一根弯成270°圆弧的扁圆或椭圆形截面的_____金属管。

3. 如果在外力去掉后能完全恢复其原来的尺寸和形状，那么这种变形称为_____。具有这类特性的物体称为_____。

4. 弹簧管压力表通过一弯成圆弧形的弹簧管作为测量元件，弹簧管一端固定，并通过接头与被测介质相连；另一端封闭，为_____。

二、判断题

1. 根据所测介质的工作压力要求，选择压力表量程，要求被测压力值一般在压力表使用量程范围的 1/3 ～ 2/3。 （　　）

2. 弹簧管压力表量程都是 1.6MPa。 （　　）

3. 弹簧管压力表属于远传指示型压力表，显示压力的大小，带远程传送显示、调节功能。 （　　）

三、简答题

1. 生活中哪些地方需要测量压力？

2. 有一煤气管道，需要知道管道内煤气压力，并将此煤气压力信号远传至主控室，可否用弹簧管压力表？如果不能用，为什么？

任务三　电阻应变式传感器及应用

任务目标

知识目标：

1. 了解电阻应变片的工作原理。

2. 了解电阻应变片的结构及分类。

3. 了解电阻应变式压力传感器的测量电路。

能力目标：

1. 学会电阻应变式传感器的外部接线方法。

2. 学会电阻应变式传感器的安装。

素养目标：

1. 培养积极动手操作的习惯，提高分析解决问题的能力。

2. 积极鼓励小组协调和合作学习的精神。

任务引入

日常生活中经常会遇到称重问题，如去超市买菜要称重，生产中原料要按照一定比例进行配比。随着科技的发展，用来称重的工具也在不断更新换代。图 3-16 是两种典型的称重设备，它们是如何称重的呢？

a) 普通天平　　　　b) 电子天平

图 3-16　两种典型的称重设备

知识解析

电阻应变式传感器是将被测量的应力（压力、荷重、扭力等）通过所产生的金属弹性形变转换成电阻变化的检测元件。

一、电阻应变式传感器

1. 工作原理

电阻应变式传感器主要由弹性敏感元件、电阻应变片、补偿电阻和外壳等组成。弹性敏感元件受到所测量的力而产生变形，并使附着其上的电阻应变片一起变形。电阻应变片再将变形转换为电阻值的变化，通过转换电路将其转变成电量输出，电量变化的大小反映了被测物理量的大小，从而可以测量力、压力、扭矩、位移、加速度等多种物理量。电阻应变片的电阻值随着它所承受的机械变形（伸长或缩短）的大小发生变化的物理现象称为电阻的应变效应。

2. 电阻应变片的结构

电阻应变片由敏感栅、引线、黏结剂、覆盖层和基底五部分组成，如图3-17所示。

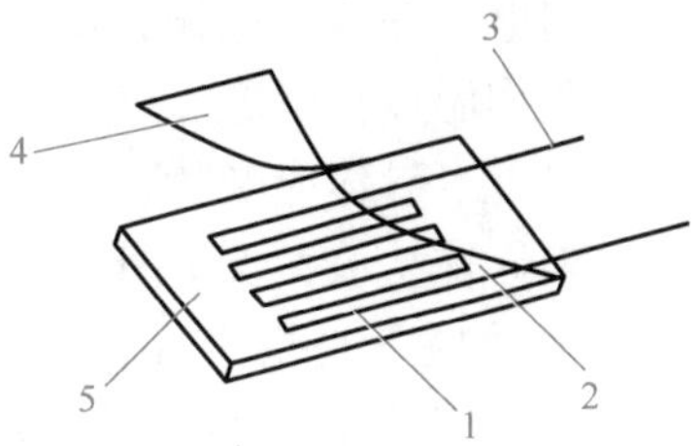

1）敏感栅是应变片中把应变量转换成电阻变化量的敏感部分，它是用金属丝或半导体材料制成的单丝或栅状体。

2）引线是从敏感栅引出电信号的丝状或带状导线。

3）黏结剂是具有一定电绝缘性能的黏结材料，用它将敏感栅固定在基底上。

4）覆盖层是用来保护敏感栅而覆盖在上面的绝缘层。

5）基底用以保护敏感栅，并固定引线的几何形状和相对位置。

图3-17 电阻应变片结构

1—敏感栅 2—黏结剂 3—引线
4—覆盖层 5—基底

3. 电阻应变片的分类

目前应用最广泛的电阻应变片有两种：金属应变片和半导体应变片。

（1）金属应变片

金属应变片的种类繁多，形式多样。常见的有金属丝式应变片、金属箔式应变片和薄膜式应变片。

1）金属丝式应变片应用最早、最多，其制作简单、性能稳定、价格低廉、易于粘贴。金属丝式应变片有回线式和短接式两种，如图3-18所示。其中回线式最为常用，制作简单，性能稳定，成本低，易粘贴，但应变横向效应较大。短接式应变片两端用直径比栅线直径大5～10倍的镀银丝短接，优点是克服了横向效应，但制造工艺复杂。

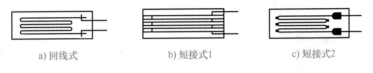

a) 回线式　　b) 短接式1　　c) 短接式2

图3-18 金属丝式应变片结构

2）金属箔式应变片是利用照相制版或光刻技术将厚约0.003～0.01mm的金属箔片制成所需图形的敏感栅，也称为应变花，如图3-19所示。其优点是与基底的接触面积大，散热条件较好，在长时间测量时的蠕变较小，一致性较好，能将温度影响减小到最小程度，适合大批量生产。缺点是电阻值的分散性比金属丝式应变片大，有的相差几十欧，需进行阻值调整。在常温下，金属箔式应变片已逐步取代了金属丝式应变片。

图 3-19　金属箔式应变片结构

3）薄膜应变片是采用真空蒸发或真空沉淀等方法在薄的绝缘基片上形成 0.1μm 以下的金属电阻薄膜敏感栅，最后再加上保护层。其优点是应变灵敏度系数大，允许电流密度大，工作温度范围宽。

（2）半导体应变片

半导体应变片是用半导体材料制成的，其工作原理基于半导体材料的压阻效应。所谓压阻效应，是指半导体材料在某一轴向受外力作用时，其电阻率 ρ 发生变化的现象。图 3-20 为半导体应变片结构示意图。

半导体应变片的优点是灵敏度高，比金属丝式应变片高 50 ～ 80 倍，机械滞后小，横向效应小，体积小；缺点是温度稳定性和可重复性不如金属应变片。目前，国产半导体应变片大都采用 P 型硅单晶制成。

二、电阻应变式传感器测量电路

电阻应变式传感器是将被测量的应力通过所产生的金属弹性形变转换成电阻变化，通过转换电路将其转变成电量输出的检测元件。由于机械应变一般都很小，要把微小应变引起的微小电阻值的变化测量出来，同时，要把电阻相对变化 $\frac{\Delta R}{R}$ 转换为电压或电流的变化，就需要设计专用的测量电路。实际中常用直流电桥测量电路作为电阻应变式传感器的测量转换电路。

1. 直流电桥

直流电桥的基本形式如图 3-21 所示，R_1、R_2、R_3、R_4 称为电桥的桥臂。

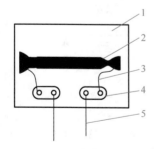

图 3-20　半导体应变片结构示意图

1—胶膜衬底　2—P 型 Si　3—内引线　4—焊接板　5—外引线

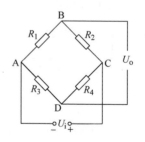

图 3-21　直流电桥

当 R_L（直流电桥的负载，可以是测量仪表内阻或其他负载）→ ∞ 时，电桥的输出电压 U_o 应为

$$U_\text{o} = U_\text{i}\left(\frac{R_1}{R_1 + R_2} - \frac{R_3}{R_3 + R_4}\right)$$

当电桥平衡时，U_o → 0，此称为电桥平衡条件。

2. 常用电桥测量电路

根据工作中电阻应变片参与变化的桥臂的个数，将电桥测量电路分为半桥单臂式、半桥双臂式、全桥式三种，如图 3-22 所示。

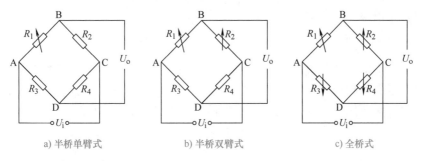

a) 半桥单臂式　　　　b) 半桥双臂式　　　　c) 全桥式

图 3-22　常用电桥测量电路

（1）半桥单臂式

半桥单臂式电路如图 3-22a 所示。其中只有一个桥臂 R_1 阻值随被测量变化，即 R_1 是电阻应变片，若四个桥臂的初始电阻值相等，即 $R_1 = R_2 = R_3 = R_4 = R_0$，则有

$$U_\text{o} = \frac{1}{4}\frac{\Delta R}{R_0}U_\text{i}$$

（2）半桥双臂式

半桥双臂式电路如图 3-22b 所示。其中有相邻两个桥臂 R_1、R_2 阻值随被测量变化，即 R_1、R_2 是电阻应变片，若四个桥臂的初始电阻值相等，即 $R_1 = R_2 = R_3 = R_4 = R_0$，设相邻两个桥臂阻值变化量相等时，为使输出不为零且提高灵敏度，电阻变化方向应相反（即一个阻值增大，另一个则减小），则有

$$U_\text{o} = \frac{1}{2}\frac{\Delta R}{R_0}U_\text{i}$$

（3）全桥式

全桥式电路如图 3-22c 所示。其中有四个桥臂 R_1、R_2、R_3、R_4 阻值都随被测量变化，即 R_1、R_2、R_3、R_4 都是电阻应变片，若四个桥臂的初始电阻值相等，即 $R_1 = R_2 = R_3 = R_4 = R_0$，设四个桥臂的阻值变化量相等，且为使输出不为零且提高输出灵敏度，任意两相邻桥臂电阻值变化方向均相反，则有

$$U_o = \frac{\Delta R}{R_0} U_i$$

综上可以看出，在三种电桥测量电路中全桥电路的灵敏度最高，相同条件下，它的输出值最大，所以，大多数情况都采用全桥电路作为电阻应变式传感器的测量转换电路。

三、电阻应变式传感器的应用

常用的电阻应变式传感器有应变式测力传感器、应变式压力传感器、应变式扭矩传感器、应变式位移传感器、应变式加速度传感器等。电阻应变式传感器的优点是精度高，测量范围广，寿命长，结构简单，频响特性好，能在恶劣条件下工作，易于实现小型化、整体化和品种多样化等。

1. 应变式测力传感器

应变式测力传感器基于电阻应变原理，由粘贴在传感器弹性体上的高档箔式应变片组成全桥电路。当受到载荷作用时，弹性体产生变形，应变片也相应感受应变，从而使电桥失去平衡，并输出与作用力大小成正比的电信号，如图 3-23 所示。

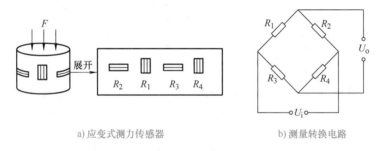

a) 应变式测力传感器　　　　　　　b) 测量转换电路

图 3-23　应变式测力传感器及测量转换电路

2. 应变式压力传感器

应变式压力传感器主要是测量气体或液体压力的薄板式传感器，如图 3-24 所示。当气体或液体压力作用在薄板承压面上时，薄板变形，粘贴在另一面的电阻应变片随之变形，并改变阻值。这时测量电路中电桥平衡被破坏，产生输出电压。

3. 应变式扭矩传感器

应变式扭矩传感器是由弹性轴直接与被测对象接触（如电动机转轴），在受到扭转时发生形变，轴上会有应力和应变产生，其横截面会受到一个剪应力，从而引起应变片产生形变，改变阻值，使测量电路中的电桥失去平衡，产生输出信号，如图 3-25 所示。

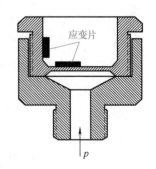

图 3-24　应变式压力传感器

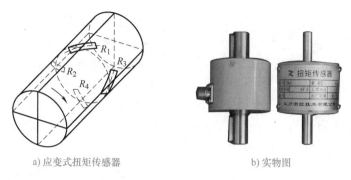

a) 应变式扭矩传感器	b) 实物图

图 3-25 应变式扭矩传感器

4. 应变式位移传感器

应变式位移传感器如图 3-26 所示，是测试被测对象在外力作用下所产生的直线位移或与直线位移有关的非电量转换成电量的电测位移传感器，可与静态或动态应变仪搭配使用，可用于水利水电、材料力学、桥梁隧道、航空和土木结构等领域的科研教学和生产实践等各类试验中的静态、准静态或低频动态下的直线位移测试。

5. 应变式加速度传感器

应变式加速度传感器的工作原理是壳体与被测物体一起做加速度运动时，悬臂梁在质量块的惯性作用下反方向运动，使梁体发生形变，粘贴在梁上的应变片阻值发生变化，通过测量阻值的变化求出待测物体的加速度，如图 3-27 所示。

图 3-26 应变式位移传感器

图 3-27 应变式加速度传感器

应变式加速度传感器可用于控制手柄振动和摇晃，汽车制动起动检测，地震检测，报警系统，环境监视，工程测振，地质勘探，铁路、桥梁、大坝的振动测试与分析等。

> **🖥 案例分析**

电阻应变式压力变送器在球磨机中的应用

球磨机是磨矿分级工序的主要设备，是工业生产中广泛使用的高细磨机械之一，是物料被破碎之后，再进行粉碎的关键设备，如图 3-28 所示。球磨机广泛应用于水泥、硅酸盐制品、新型建筑材料、耐火材料、化肥、黑金属与有色金属选矿以及玻璃陶瓷等生产中，对各种矿石和其他可磨性物料进行干式或湿式粉磨。

球磨机的主轴承为低速、重负荷的滑动轴承，主轴承的可靠运行对生产的影响很大。为保证球磨机的生产运行平稳，每台球磨机的主轴承润滑都配备了润滑油站，如图 3-29 所示。球磨机运行时，润滑油系统如果出现故障，将会造成球磨机主轴承润滑油少、无油，致使主轴承压力油膜破坏，不能获得液体摩擦，造成轴径与轴瓦间的半干摩擦，并引起轴承合金发热，严重时造成轴承合金脱落，球磨机研瓦，从而导致球磨机不能正常运行。解决此问题的关键是在润滑油站安装一电阻应变式压力变送器，以监测润滑油站出口压力。压力变送器时刻监测球磨机压力，并将压力信号上传至自动化系统，当压力值低时，联锁停转球磨机电动机。

图 3-28 球磨机

图 3-29 球磨和主轴承润滑油站

 思考与练习

一、填空题

1. 电阻应变式传感器是将被测量的应力通过所产生的_____转换成_____的检测元件。

2. 电阻应变式传感器主要由_____、_____、补偿电阻和外壳等组成。

3. 弹性敏感元件受到所测量的力而产生变形，并使附着其上的_____一起变形。电阻应变片再将变形转换为电阻值的变化，通过转换电路将其转变成电量输出，电量变化的大小反映了被测物理量的_____，从而可以测量力、压力、扭矩、位移、加速度等多种物理量。

二、判断题

1. 目前应用最广泛的电阻应变片有两种：金属应变片和半导体应变片。   (   )

2. 电阻应变式传感器可测量力、压力、加速度等。   (   )

3. 敏感栅是应变片中把应变量转换成电压变化量的敏感部分，它是用金属丝或半导体材料制成的单丝或栅状体。   (   )

三、简答题

1. 什么是电阻应变效应？

2. 请说出半桥单臂式、半桥双臂式、全桥式三种电路的优缺点。

任务四 压电式传感器及应用

任务目标

知识目标：

1. 了解压电式传感器的工作原理。
2. 了解压电式元件的结构及分类。
3. 了解压电式传感器的测量转换电路。
4. 了解压电式传感器的实际应用及接线。

能力目标：

1. 能利用压电式传感器测量压力。
2. 能识别各种压电式传感器。

素养目标：

1. 养成独立思考和解决问题的习惯。
2. 培养小组团结协作的学习精神。

任务引入

在生产过程中，压力检测与调控系统的应用非常广泛。对压力的监控是保证工艺要求、生产设备和人身安全、实现经济运行所必需的。本任务将学习另外一种压力检测方法——压电式压力传感器。日常生活中类似压电式压力传感器的应用很多，如打火机，如图 3-30 所示，打火机点火就是一种压电打火的应用。

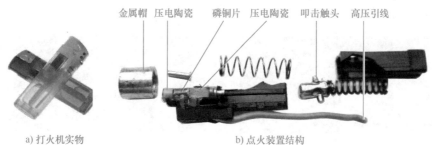

金属帽　压电陶瓷　　磷铜片　压电陶瓷　叩击触头　高压引线

a) 打火机实物　　　　　　　　　b) 点火装置结构

图 3-30　打火机及点火装置结构

知识解析

压电式传感器是一种自发电式和机电转换式传感器，是典型的无源传感器。它可以对各种动态力、机械冲击和振动进行测量，在声学、医学、力学、导航方面得到了广泛的应用，具有体积小、质量轻、频率响应高、信噪比大等特点。

一、压电式传感器

压电式传感器的工作原理是基于某些介质材料的压电效应，其敏感元件由压电材料制成。压电材料受力后表面产生电荷，此电荷经电荷放大器和测量电路放大和变换阻抗后就成为正比于所受外力的电量输出。

1. 压电效应

某些电介质，当沿着一定方向对其施力而使它变形时，其内部就会产生极化现象，同时在它的两个表面上产生符号相反的电荷，当外力去掉后，其又重新恢复到不带电状态，当外力作用方向改变时，电荷的极性也随之改变，晶体受力所产生的电荷量与外力的大小成正比，这种现象称为压电效应（正压电效应），如图 3-31 所示。相反，当在电介质极化方向施加电场时，这些电介质也会产生变形，这种现象称为电致伸缩效应（逆压电效应）。

2. 压电材料

自然界的许多晶体具有压电效应，但十分微弱。研究发现，石英晶体、钛酸钡、锆钛酸铅等材料是性能优良的压电材料。应用于压电式传感器中的压电元件材料一般有三类：压电晶体、经过极化处理的压电陶瓷和新型压电材料。

图 3-31　压电效应示意图

（1）压电晶体

压电晶体中常用的是天然石英晶体，如图 3-22 所示。在实际使用时，需要把石英晶体切片封装，如图 3-33 所示。石英晶体各个方向的特性是不同的。其中纵向轴 Z 称为光轴，经过六面体棱线并垂直于光轴的 X 轴称为电轴，与 X 和 Z 轴同时垂直的 Y 轴称为机械轴。通常把沿电轴 X 方向的力作用下产生电荷的压电效应称为纵向压电效应，把沿机械轴 Y 方向的力作用下产生电荷的压电效应称为横向压电效应，而沿光轴 Z 方向的力作用时不产生压电效应，如图 3-34 所示。

图 3-32　天然石英晶体

图 3-33　石英晶体切片及封装

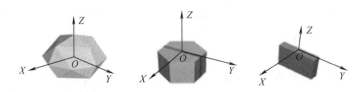

图 3-34　石英晶体特性示意图

石英晶体是一种应用广泛的压电晶体。石英晶体振荡器（晶振）如图 3-35 所示，在振荡电路工作时，正压电效应与逆压电效应交替作用，从而产生稳定的振荡输出频率。

（2）压电陶瓷

压电陶瓷是人工制造的多晶压电材料，如图 3-36 所示，它的压电灵敏度比石英晶体高得多，而制造成本却较低，因此目前国内外生产的压电元件绝大多数都采用压电陶瓷。常用的压电陶瓷材料有锆钛酸铅系列压电陶瓷（PZT）及非铅系压电陶瓷（如 $BaTiO_3$ 等）。

图 3-35　石英晶体振荡器

图 3-36　压电陶瓷

压电陶瓷内部的晶粒有许多自发极化的电畴，它有一定的极化方向，从而形成电场。在无外电场作用时，电畴在晶体中杂乱分布，它们各自的极化效应被相互抵消，压电陶瓷内极化强度为零。因此，原始的压电陶瓷呈中性，不具有压电性质。当在压电陶瓷上施加外电场时，电畴的极化方向发生转动，趋向于按外电场方向排列，从而使材料得到极化。外电场越强，就有更多的电畴更完全地转向外电场方向。当外电场强度大到使材料的极化达到饱和程度，即所有电畴极化方向都整齐地与外电场方向一致时，去掉外电场，此时电畴的极化方向基本没变化，即剩余极化强度很大，这时的材料才具有压电特性，如图 3-37 所示。

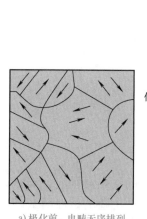
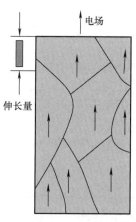
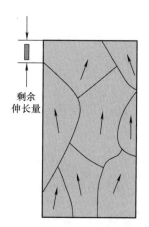

a) 极化前，电畴无序排列　　　b) 极化时，电畴有序排列　　　c) 极化后，电畴基本有序

图 3-37　压电陶瓷的极化现象

（3）新型压电材料

一般常用的新型压电材料有两种：一种是压电半导体，另一种是高分子压电材料。

压电半导体材料有 ZnO、CdS（硫化镉）、CdTe（碲化镉）等，具有灵敏度高，响应时间短等优点。此外可用 ZnO 作为表面声波振荡器的压电材料，用于检测力和温度等参数。

典型的高分子压电材料有 PVF_2 或 PVDF（聚偏二氟乙烯）、PVF（聚氟乙烯）、PVC（改性聚氯乙烯）等。它是一种柔软的压电材料，可根据需要制成薄膜或电缆套管等形状；不易破碎，具有防水性，可以大量连续拉制，制成较大面积或较长的尺度；价格低廉，频率响应范围较宽，测量动态范围可达 80dB，如图 3-38 所示。

图 3-38　高分子压电材料

二、压电式传感器的测量电路

1. 压电式传感器的等效电路

将压电晶片产生电荷的两个晶面封装上金属电极后，就构成了压电元件。当压电元件受力时，就会在两个电极上产生电荷，因此，压电元件相当于一个电荷源；两个电极之间是绝缘的压电介质，因此它又相当于一个以压电材料为介质的电容器，其电容量 C_a 为

$$C_a = \frac{\varepsilon A}{d}$$

式中，ε 为压电陶瓷或石英晶体的介电常数；A 为极板面积；d 为压电元件厚度。

压电式传感器在实际使用时总要与测量仪器或测量电路相连接，因此还需要考虑连接电缆的等效电容 C_c、放大器的输入电阻 R_i、输入电容 C_i 以及压电传感器的泄漏电阻 R_a。压电式传感器在测量系统中的实际等效电路如图 3-39 所示。

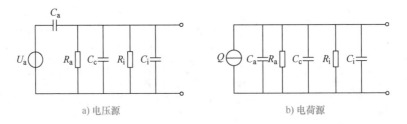

a) 电压源　　　　　　　　　　　　b) 电荷源

图 3-39　压电式传感器的实际等效电路

2. 压电元件的连接

单片压电元件产生电荷量甚微，为提高压电式传感器的输出灵敏度，实际应用中常采用两片或两片以上同型号压电元件的粘贴组合。因此，考虑电荷的极性因素，压电元件的连接方法分为串联和并联两种。

（1）并联连接

两压电元件的负极集中在中间极板上，正极在上下两边并连接在一起，此时电容量大，输出电荷量大，适用于测量缓变信号和以电荷为输出的场合。

（2）串联连接

上极板为正极，下极板为负极，中间极板是一压电元件的负极与另一压电元件的正极相连接，此时传感器本身电容小，输出电压大，适用于要求以电压为输出的场合，并要求测量电路有高的输入阻抗。

3. 压电式传感器测量电路

压电式传感器本身的内阻很大，而输出能量较小，因此它的测量电路通常需要接入一个高输入阻抗前置放大器。其作用是把它的高输出阻抗变换为低输出阻抗，同时放大传感器输出的微弱信号。压电式传感器的输出可以是电压信号，也可以是电荷信号，因此前置放大器也有两种形式，即电荷放大器和电压放大器。

（1）电荷放大器

并联输出型压电元件可以等效为电荷源。电荷放大器常作为压电式传感器的输入电路，由一个反馈电容 C_f 和高增益运算放大器构成，如图 3-40 所示。电荷放大器的输出电压仅与输入电荷和反馈电容有关，电缆电容等其他因素的影响可以忽略不计。

（2）电压放大器

串联输出型压电元件可以等效为电压源。由于压电效应引起的电容量很小，因此其电压源等效内阻很大，在接成电压输出型测量电路时，要求前置放大器不仅有足够的放大倍数，而且应具有很高的输入阻抗。电压放大器原理图如图 3-41 所示。

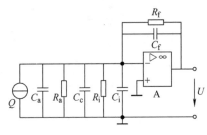

图 3-40　电荷放大器原理图

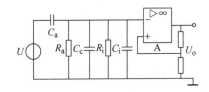

图 3-41　电压放大器原理图

三、压电式传感器的应用

压电式传感器的基本原理是利用压电材料的压电效应，即当施加外力作用在压电材料上时，传感器就有电荷（或电压）输出。电荷在无泄漏条件下才能保持，即需要测量回路的输入阻抗无限大，实际上无法实现，所以压电式传感器不能用于静态测量。只有在交变力的作用下，电荷才可以得到不断补充，供给测量回路能量，故压电式传感器适于动态测量（一般必须高于 100Hz，但在 50kHz 以上时，灵敏度下降）。

压电式传感器具有响应频带宽、灵敏度高、信噪比大、结构简单、工作可靠、质量轻等优点，在诸多行业中得到了广泛应用，如工程力学、生物医学、石油勘探、声波测井、电声学等技术领域。

案例分析

压电式传感器的应用

压电式玻璃打碎报警装置如图 3-42 所示。它采用高分子压电材料，将厚约 0.2mm 的 PVDF 薄膜裁制成 10mm × 20mm 大小。在其正反两面各喷涂透明的二氧化锡导电电极，再用超声波焊接两根柔软的电极引线，并用保护膜覆盖。使用时，用瞬干胶将压电式玻璃报警装置粘贴在玻璃上。在玻璃遭暴力打碎的瞬间，压电薄膜感受到剧烈振动，表面产生电荷，在两个输出引脚之间产生窄脉冲报警信号。

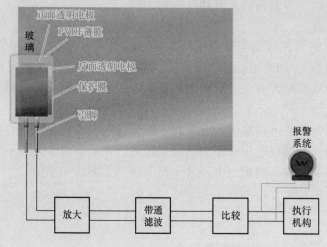

图 3-42　压电式玻璃打碎报警装置示意图

压电式周界报警系统如图 3-43 所示，将长的压电电缆埋在泥土的浅表层，可起分布式地下传声器或听音器的作用，可在几十米范围内探测人的步行，对轮式或履带式车辆也可以通过信号处理系统分辨出来。

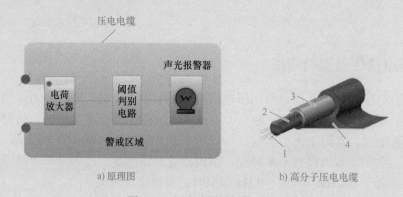

a) 原理图　　　　　　　　　b) 高分子压电电缆

图 3-43　压电式周界报警系统

1—铜芯线（发布电容内电极）　2—管状高分子压电塑料绝缘层　3—铜网屏蔽层（分布电容外电极）
4—橡胶保护层（承压弹性元件）

　　汽车发动机中的气缸点火时刻必须十分精确。如果恰当地将点火时间提前一些，即有一个提前角，可使气缸中汽油与空气的混合气体得到充分燃烧，使扭矩增大，排污减少。但提前角太大时，混合气体产生自燃，就会产生冲击波，发出尖锐的金属敲击声，称为爆燃，可能使火花塞、活塞环熔化损坏，使缸盖、连杆、曲轴等部件过载、变形。可用压电式传感器检测爆燃并进行控制，如图3-44所示。

图 3-44　汽车爆燃检测

思考与练习

一、填空题

1.压电式传感器是一种典型的_____式传感器，它以某些电介质的_____为基础。

2.在沿着电轴 x 方向力的作用下，产生电荷的现象称为_____压电效应；在沿机械轴 y 方向力的作用下，产生电荷的现象称为_____压电效应。

二、判断题

1.压电式传感器是一种自发电式传感器。　　　　　　　　　　　　　　（　　）

2.压电式传感器适用于静态测量，也适用于动态测量。　　　　　　　（　　）

三、选择题

1.在电介质的极化方向上施加交变电场时，它会产生机械形变，当去掉外加电场时，电介质形变随之消失，这种现象称为（　　　　）。

A.逆压电效应　　　　　B.压电效应　　　　　C.正压电效应

2.将超声波转换成电信号是利用压电材料的（　　　　）；蜂鸣器发出"嘀嘀……"声的压电片发声原理是利用压电材料的（　　　　）。

A.应变效应　　　　　　　　　　　B.电涡流效应

C.正压电效应　　　　　　　　　　D.逆压电效应

3.使用压电陶瓷制作的力或压力传感器可测量（　　　　）。

A.人的体重　　　　　　　　　　　B.车刀的压紧力

C.车刀在切削时感受到的切削力的变化　　D.自来水管中水的压力

4.动态力传感器中，两片压电元件多采用（　　　）接法，可增大输出电荷量；在电子打火机和煤气灶点火装置中，多片压电元件采用（　　　）接法，可使输出电压达上万伏，从而产生电火花。

A.串联　　　　　　　　　B.并联　　　　　　　　C.既串联又并联

四、简答题

1.什么是压电效应？以石英晶体为例说明压电晶体产生压电效应的原理。

2.常用的压电材料有哪些？各有什么特点？

3.为什么说压电式传感器只适用于动态测量而不能用于静态测量？

4.压电式传感器的输出信号的特点是什么？它对放大器有什么要求？放大器有哪两种类型？

任务五　差动变压器式传感器及应用

 任务目标

知识目标：

1.了解差动变压器式传感器的工作原理。

2.了解差动变压器式传感器的结构及分类。

3.理解差动变压器式传感器的测量电路。

4.掌握差动变压器式传感器的实际应用及接线方法。

能力目标：

1.能利用差动变压器式传感器测量压力。

2.会识别各种差动变压器式传感器。

素养目标：

1.培养全面分析和解决问题的能力。

2.培养勤观察、勤动手的良好习惯。

 任务引入

压电式传感器在技术层面有其局限性，如它只能检测动态力，而不能测量静态力。那么，对于静态力该如何测量呢？图3-45为电学中的电磁感应实验，当衔铁移动时，在二次绕组 W_B 中的感应电流将发生改变，这就是本任务将要学习的另外一种压力检测传感器——差动变压器式压力传感器的实验模型。

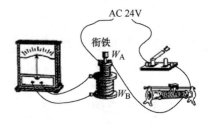

图 3-45　电磁感应实验

知识解析

一、差动变压器式传感器

差动变压器式传感器是一种广泛用于电子技术和非电量检测的变压装置，用于测量位移、压力、振动等非电量参量。差动变压器式传感器既可用于静态测量，也可用于动态测量。

1. 差动变压器式传感器的结构

差动变压器式传感器主要由衔铁、一次绕组、二次绕组和线圈骨架等组成，如图 3-46 所示。一次绕组作为差动变压器激励用，相当于变压器的一次侧；二次绕组由两个结构尺寸和参数相同的线圈反相串接而成，相当于变压器的二次侧。

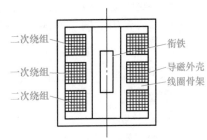

图 3-46 差动变压器式传感器结构

2. 差动变压器式传感器的工作原理

差动变压器式传感器的工作原理类似变压器的工作原理，即基于电磁感应的互感现象。一、二次绕组间的耦合能随衔铁的移动而变化，如图 3-47 所示，即绕组间的互感随被测量带动衔铁移动而变化。由于使用传感器时采用两个二次绕组反向串接，以差动方式输出，所以把这种传感器称为差动变压器式电感传感器，通常简称为差动变压器式传感器。

差动变压器式传感器工作在理想情况下（忽略涡流损耗、磁滞损耗和分布电容等的影响）时，其等效电路如图 3-48 所示。图中 U_1 为一次绕组激励电压；M_1、M_2 分别为一次绕组与两个二次绕组间的互感，L_1、R_1 分别为一次绕组的电感和有效电阻；L_{21}、L_{22} 分别为两个二次绕组的电感；R_{21}、R_{22} 分别为两个二次绕组的有效电阻。

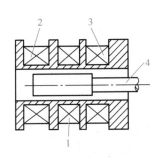

图 3-47 差动变压器式传感器的工作原理

1—一次绕组　2、3—二次绕组　4—衔铁

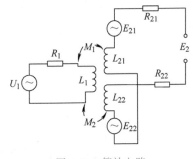

图 3-48 等效电路

对于差动变压器式传感器，当衔铁处于中间位置时，两个二次绕组绕向相同，因而由一次侧激励引起的感应电动势相同。由于两个二次绕组反向串接，所以差动输出电动势为零。

当衔铁移向二次绕组 L_{21} 一边，此时互感 M_1 大、M_2 小，因而二次绕组 L_{21} 内感应电动势大于二次绕组 L_{22} 内感应电动势，此时差动输出电动势不为零。在传感器的量程内，衔铁移动越大，差动输出电动势就越大。同样，当衔铁向二次绕组 L_{22} 一边移动，差动输出电动势仍不为零，但由于移动方向改变，所以输出电动势反向。因此，通过差动变压器输出电动势的大小和相位可以知道衔铁位移量的大小和方向。

二、差动变压器式传感器的分类

差动变压器式传感器依据结构原理不同可分为变隙式差动变压器式传感器、螺线管式差动变压器式传感器、变面积式差动变压器式传感器三种。

1. 变隙式差动变压器式传感器

变隙式差动变压器式传感器如图 3-49 所示。其中，图 3-49a 为上下移动式，图 3-49b 为左右移动式，图中 C 为衔铁，当图 3-49a 中衔铁上下移动或者图 3-49b 中衔铁左右移动时，衔铁与铁心间隙的大小改变，导致互感发生变化，二次绕组有信号输出，从而检测被测量。这种传感器灵敏度高，测量范围较窄，一般用于测量几微米到几百微米的机械位移。

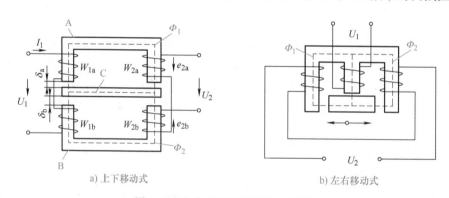

a) 上下移动式   b) 左右移动式

图 3-49　变隙式差动变压器式传感器

2. 螺线管式差动变压器式传感器

螺线管式差动变压器式传感器如图 3-50 所示。当螺线管中的衔铁随着被测量移动时，线圈中的互感会发生变化，使二次绕组有信号输出达到检测。这种传感器常用于 1 毫米至上百毫米的位移测量。

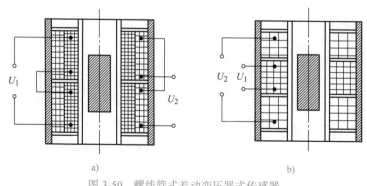

a)   b)

图 3-50　螺线管式差动变压器式传感器

3. 变面积式差动变压器式传感器

变面积式差动变压器式传感器如图 3-51 所示。图 3-51a、b 是两种测量转角的变面积式差动变压器，当衔铁随着被测量发生转动时，线圈中的互感会发生变化，从而二次绕组有信号输出达到检测，通常可测到几秒的微小位移。

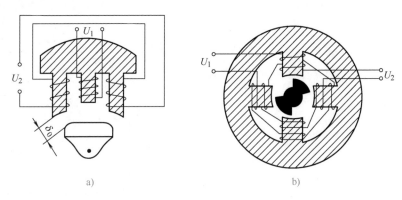

图 3-51 变面积式差动变压器式传感器

在三种差动变压器式传感器中，应用最多的是螺线管式差动变压器式传感器，它可以测量范围内的机械位移，并具有测量精度高、灵敏度高、结构简单、性能可靠等优点。

三、差动变压器式传感器的测量转换电路

差动变压器式传感器输出的电压是交流量，如用交流电压表指示，则输出值只能反映铁心位移的大小，而不能反映移动的极性；同时，交流电压输出存在一定的零点残余电压，使铁心位于中间位置时，输出电压也不为零。因此，差动变压器式传感器的后接电路应采用既能反应铁心位移极性，又能补偿零点残余电压的差动直流输出电路，即差动整流电路。图 3-52 为差动变压器式传感器的检测过程。

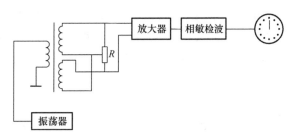

图 3-52 差动变压器式传感器的检测过程

当没有信号输入时，铁心处于中间位置，调节电阻 R，使零点残余电压减小；当有信号输入时，铁心移上或移下，其输出电压经交流放大、相敏检波、滤波后得到直流输出。由表头指示输入位移量的大小和方向。

几种常见的差动整流电路如图 3-53 所示。差动变压器式传感器的两个二次电压分别整流后，以它们的差值作为输出，这样，二次电压的相位和零点残余电压都不必考虑。其中，图 3-53a、b 电路用于连接高阻抗负载，输出电压；图 3-53c、d 电路用于连接低阻抗

负载，输出电流。图中可调电阻 R_0 用于调整零点残余电压（输出电压零点）。由于整流部分在差动变压器输出端一侧，所以只需两根直流输送线即可，而且可以远距离输送。

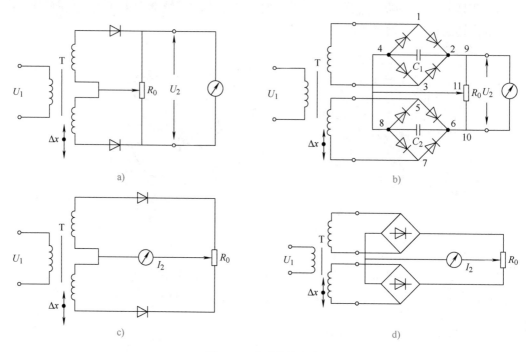

图 3-53　差动整流电路

一般差动整流输出的信号还必须通过低通滤波器，从而把调制的高频信号衰减掉，只让铁心运动所产生的有效信号通过。

四、差动变压器式传感器的应用

差动变压器式传感器的优点是测量精度高，可达 0.1μm；线性范围宽，可达 ±100mm；稳定性好，使用方便。差动变压器式传感器的种类有很多，包括压力传感器、位移传感器、加速度传感器等，广泛用于直线位移或可能转换为位移变化的压力、质量等参数的测量。

1. 压力测量

差动变压器式传感器与弹性敏感元件（膜片、膜盒和弹簧管等）相结合，可以组成开环压力传感器和闭环力平衡式压力计，如图 3-54 所示。膜盒由两片波纹膜片焊接而成，当膜片四周固定、两侧面存在压差时，膜片将弯向压力低的一侧，因此能够将压力变换为直线位移。这种传感器的测量范围一般为 0 ～ 60MPa，输出信号为 0 ～ 10mA 或 0 ～ 30mV。

2. 位移测量

差动变压器式位移传感器（LVDT）基于电磁感应原理测量位移，当一次绕组被供给一定频率的交变电压时，二次绕组便产生出感应电动势，随着铁心的位置不同，二次绕组产生的感应电动势也不同，由感应电动势的大小可推导出位移量的大小。差动变压器式位移传感器可广泛应用于航空航天、机械、建筑、纺织、铁路、煤炭、冶金、塑料、化工以及科研院校等行业领域，用来测量高技术产品的伸长、振动、物体厚度、膨胀位移等，如图 3-55 所示。

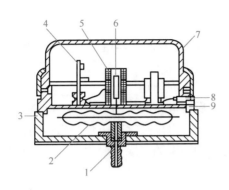

图 3-54 差动变压器式压力传感器装置示意图

1—接头 2—膜盒 3—底座 4—电路板 5—差动变压器绕组 6—铁心 7—罩壳 8—插头 9—通孔

3. 加速度测量

差动变压器式加速度传感器主要依据牛顿第一定律，即质量块的位移与被测物体的加速度成正比，将加速度的测量转变为位移的测量。图 3-56 为差动变压器式加速度传感器。它由悬臂梁和差动变压器构成。测量时将悬臂梁的底座及差动变压器的线圈骨架固定，而将差动变压器中的衔铁的 A 端与被测振动体相连。当被测体带动衔铁以 $\Delta x(t)$ 振动时，导致差动变压器式加速度传感器输出电压也按相同的规律变化。因此，可从差动变压器式加速度传感器的输出电压推导得出被测物体的振动参数。为满足测量精度的要求，差动变压

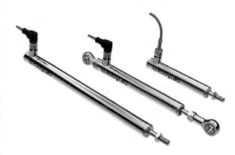

图 3-55 差动变压器式位移传感器

器式加速度传感器系统的固有频率不可能很高，它能测量的振动频率的上限一般为 150Hz 左右。

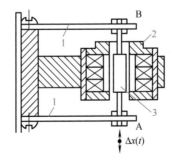

图 3-56 差动变压器式加速度传感器

1—悬臂梁 2—差动变压器 3—铁心

思考与练习

一、填空题

1._____是一种广泛用于电子技术和非电量检测的变压装置。

2.差动变压器式传感器主要由_____、_____、_____和_____等组成。

3.差动变压器式传感器的工作原理是_____的_____现象。

4.差动变压器式传感器的后接电路应采用_____电路。

5.通过差动变压器的_____可以推导得出被测物体的振动参数。

6.差动变压器能测量的振动频率的上限一般为_____左右。

二、判断题

1.差动变压器式压力传感器用于测量位移、压力等非电量参量。　　　　（　　）

2.差动变压器式压力传感器只可用于动态测量。　　　　　　　　　　　（　　）

3.变隙式差动变压器式传感器灵敏度高，一般用于测量几毫米的机械位移。（　　）

4.差动变压器式传感器包括压力传感器、位移传感器、加速度传感器等。（　　）

三、简答题

1.差动变压器式压力传感器的主要结构有哪些？其工作原理是什么？

2.差动变压器式传感器的测量转换电路是如何工作的？

项目四　流量测量

项目描述

　　随着科技的发展，工厂的自动化水平越来越高。为了有效地指导生产操作、监视和控制生产过程，流量测量是必不可少的。本项目简单介绍常见的几种流量计。

项目目标

　　通过本项目学习，熟悉常用流量计的工作原理和基本结构，熟悉工业生产中常用的检测方法，了解流量计的作用和分类，了解超声波流量计的工作原理，了解电磁流量计的工作原理，了解涡轮流量计的工作原理。

任务一　流量测量的一般概念及流量传感器介绍

任务目标

知识目标：

1. 了解流量相关的基本概念。
2. 理解流量计的分类及工作原理。
3. 认识常用的流量传感器。

能力目标：

学会识别常见的流量传感器。

素养目标：

1. 培养仔细观察、做好记录的习惯，掌握科学的学习方法。
2. 学会通过网络查阅资料，实现课堂学习举一反三，养成查阅资料的习惯。

任务引入

　　日常生活中经常遇到流量测量，如气、水、油的消耗量都直接采用流量来计量。如

图 4-1 所示为流量传感器、电磁流量传感器、齿轮流量传感器。

测量低黏度的介质
（如水、柴油、汽油）

测量液体流量总量
（石油、化工、冶金）

测量各种黏介质
（防腐、抗污能力强）

图 4-1　流量传感器、电磁流量传感器、齿轮流量传感器

流量参数的特殊性以及流量测量的重要性决定了流量传感器是能源计量和环境保护的重要技术手段，是保证工业生产质量的关键技术基础，在国防科技领域具有重要的应用背景。

 知识解析

一、流量的概念及测量的重要性

1. 流量的概念

流量（瞬时流量）：单位时间内流过管道某一截面的流体的数量。

累积流量（总流量）：某一时段内流过某一截面的流体的总和，即瞬时流量在某一时段的累积量（m³）。

质量流量（M）：单位时间内流过某截面的流体的质量（kg/s）。

体积流量（Q）：单位时间内流过某截面的流体的体积（m³/s）。

流量计：用来测量流量的仪表的统称。

流量的国际单位是千克 / 秒（kg/s）、立方米 / 秒（m³/s）。此外，常用的还有吨 / 小时（t/h）、千克 / 小时（kg/h）、立方米 / 小时（m³/h）等；质量的国际单位是千克（kg）、立方米（m³）。此外，常用的质量单位还有吨（t）。

对于气体，密度受温度、压力变化影响较大，如在常温常压附近，温度每变化 10℃，密度变化约为 3%；压力每变化 10kPa，密度变化约 3%。因此在测量气体流量时，必须同时测量流体的温度和压力。为了便于比较，常将在工作状态下测得的体积流量换算成标准状态下（温度为 20℃、压力为 101325Pa）的体积流量（m³/s），用符号 Q_v 表示。

2. 流量测量的重要性

流量计量是计量科学技术的组成部分之一，它与国民经济、国防建设、科学研究有着密切的关系，对于保证产品质量、提高生产效率、促进科学技术的发展都具有重要的作用。特别是在能源危机、工业生产自动化程度越来越高的当今时代，流量计量在国民经济中的地位与作用更加明显。流量计量应用范围广泛主要应用于工农业生产、国防建设、科学研究、对外贸易以及人民生活各个领域之中。

在石油工业生产中，从石油的开采、运输、冶炼加工直至贸易销售，流量计量贯穿于全过程中，任何一个环节都离不开流量计量。否则将无法保证石油工业的正常生产和贸易交往。在化工行业，流量计量不准确会造成化学成分分配比失调，无法保证产品质量，严重的还会发生生产安全事故。

在电力工业生产中，对液体、气体、蒸汽等介质流量的测量和调节占有重要地位。流量计量的准确与否不仅对保证发电厂在参数下运行具有很大的经济意义，而且随着高温高压大容量机组的发展，流量测量已成为保证发电厂安全运行的重要环节。如大容量锅炉瞬时给水流量中断或减少，都可能造成严重的干锅或爆管事故。这就要求流量测量装置不但应做到准确计量，而且要及时地发出报警信号。

在钢铁工业生产中，炼钢过程中循环水和氧气（或空气）的流量测量是保证产品质量的重要参数之一。在轻工业、食品、纺织等行业中，也都离不开流量计量。

二、流量传感器及其应用

流量传感器按检测累积还是瞬时分为总量流量计和瞬时流量计，按检测体积还是质量分为体积流量计和质量流量计。

总量流量计又分为容积式和速度式。瞬时流量计又分为差压式流量计、流体阻力式流量计、测速式/标志法流量计和流体振动式流量计。

（1）容积式流量计（计量表）

容积式流量计是用仪表内一个固定容量的容积连续地测量被测介质，最后根据定量容积称量的次数来决定流过的流体的总量。

根据结构不同，容积式流量计又可分为以下几类：

1）椭圆齿轮流量计。椭圆齿轮流量计的工作原理如图4-2所示。每转一周，4个相同月牙形腔（测量室）被形成、被封闭、被传送、被卸出。两个齿轮共送出4个标准容积的流体。

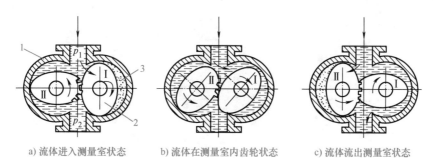

a) 流体进入测量室状态　　　b) 流体在测量室内齿轮状态　　　c) 流体流出测量室状态

图4-2 椭圆齿轮流量计的工作原理图

1—外壳　2—椭圆形转子（齿轮）　3—测量室

黏度越大的介质，从齿轮和计量间隙中泄漏出去的泄漏量越小，因此被测介质的黏度越大，对测量越有利。

2）腰轮流量计（罗茨流量计）。腰轮流量计的工作原理与椭圆流量计相同，只是转子不是椭圆齿轮，而是一对由圆弧和摆线围成的中间凹进的腰形光轮，形成菱角形测量室，可用于液体、气体流量测量，如图4-3所示。

容积式流量计的特点：计量精度高，一般为±0.5%，特殊情况计量精度可达±0.2%或更高；通常在昂贵介质或需要精确计量的场合使用，可用于高黏度流体的测量；直读式仪表，无须外部能源，可直接获得累计总量；清晰明了，操作简便。

（2）差压式流量计

差压式流量计（DPF）是根据安装于管道中的流量检测件产生的差压、已知的流体条件和检测件与管道的几何尺寸来测量流量的仪表。

（3）流体阻力式流量计

流体阻力式流量计是在管道内置入一阻力体，其特点如图4-4所示。根据阻力体不同，这类流量计还可分为转子（浮子）流量计、靶式流量计。

（4）测速式流量计

测速式流量计主要包括电磁流量计、涡轮流量计和超声波流量计。

图4-3　腰轮流量计

1—腰轮　2—定位齿轮

图4-4　流体阻力式流量计的特点

案例分析

家用水表的使用原理

水表起源于英国，已有近二百年的发展历史。水表是测量水流量的仪表，大多是水的累计流量测量，一般分为容积式水表和速度式水表两类，如图4-5所示。选择水表规格时，应先估算通常情况下所使用水流量的大小和水流量范围，然后选择流量规格最接近该值的水表。

a) 容积式水表　　　　b) 速度式水表　　　　c) IC卡智能水表

图4-5　常用的流量传感器应用

目前家用水表大部分都是湿式旋翼式水表，干式水表用得不多。湿式旋翼式水表计量准确，有水润滑作用，寿命长，计量稳定，被广泛应用。使用中的湿式水表，湿式和干式在表盘上就能够看出来，湿式的水表，表盘玻璃里有水，指针和字轮都浸泡在水里，干式的没有。

思考与练习

一、填空题

1. 瞬时流量指_____内流过管道某一截面的流体的数量。

2. 累积流量指_____流过某一截面的流体的总和，也就是_____在某一时段的累积量。

3. 质量流量指单位时间内流过某截面的流体的_____。它的单位是_____。

4. 体积流量指单位时间内流过某截面的流体的_____。它的单位是_____。

二、判断题

1. 标准状态下的体积流量和工作状态下的体积流量是一样的。 （   ）

2. 流量计不可用于能源的结算，只能用于指导工艺生产。 （   ）

3. 容积式流量计属于总量流量计。 （   ）

三、简答题

1. 简述流量计在日常生活中的应用。

2. 查找资料了解家用水表的工作原理。

任务二　差压式流量计及应用

任务目标

知识目标：

1. 了解孔板、文丘里、喷嘴结构形式。

2. 了解差压式流量计的组成及工作原理。

3. 了解电容式差压变送器。

4. 了解差压式流量计的特点及应用。

能力目标：

能利用节流装置测量流量。

素养目标：

1. 养成独立思考和解决问题的习惯。

2. 培养小组团结协作的学习精神。

任务引入

差压式流量计根据安装于管道中的节流装置检测产生的差压，由已知的流体条件和检测件与管道的几何尺寸来计算流量。节流装置是在充满管道的流体流经管道内的一种装置，流束将在节流装置处形成局部收缩，从而使流速增加，静压力降低，于是在节流装置前后产生了静压力差。节流装置与差压变送器配套构成差压式流量计，是流量仪表中使用数量最多的流量计。常见的节流装置有孔板、喷嘴和文丘里三种，如图4-6所示。因各节流装置都与差压变送器配套使用，所以本任务主要针对节流装置来讲解。那么各节流装置的工作原理是什么呢？具体是如何工作的呢？下面我们将进行一个简单实验来了解差压式流量计。

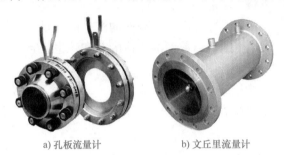

a) 孔板流量计　　　　　　b) 文丘里流量计

图 4-6　节流装置

知识解析

一、差压式流量计的组成

差压式流量计由节流装置、引压导管及差压变送器组成，如图4-7所示。节流装置安装于管道中产生差压，节流装置前后的差压与流量呈二次方关系。引压导管取节流装置前后产生的差压，传送给差压变送器。差压变送器将差压转换为标准电信号。本节主要讲解电容式差压变送器。

$$\frac{Q_m}{Q_v} \rightarrow \boxed{节流装置} \xrightarrow{\Delta p} \boxed{引压导管} \xrightarrow{\Delta p} \boxed{差压变送器} \xrightarrow{I_0}$$

图 4-7　差压式流量计的组成

1. 节流装置

节流装置是差压式流量计的流量敏感检测元件，是安装在流体流动的管道中的阻力元件。所谓节流装置，就是在管道中段设置一个流通面积比管道狭窄的孔板或其他装置，使流体经过该节流装置时，流束局部收缩，流速提高，压强减小。常用的节流装置有孔板、文丘里管、喷嘴。它们的结构形式、相对尺寸、技术要求、管道条件和安装要求等均已标准化，故又称标准节流元件。

（1）孔板

标准孔板是一块具有与管道同心圆形开孔的圆板，迎流一侧是有锐利直角入口边缘的圆筒形孔，顺流的出口呈扩散的锥形，如图4-8所示。孔板结构简单，加工方便，价格低廉，压力损失较大，测量精度较低，只适用于洁净流体介质。测量大管径高温高压介质时，孔板易变形。

（2）喷嘴

喷嘴是由收缩入口连接通常称为"喉部"的圆筒部分所组成的装置，也就是说测量段是一段变径的喉管。喷嘴流量计是将喷嘴与差压变送器等配套组成的差压流量装置。按结构不同，喷嘴分为标准喷嘴和长径喷嘴两种。

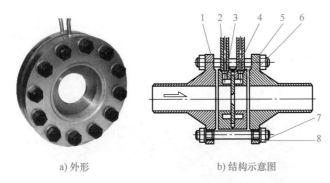

a) 外形　　　　　　　　b) 结构示意图

图 4-8　标准孔板及其结构

1—法兰　2—导管　3—前环室　4—节流装置　5—后环室　6—垫　7—螺栓　8—螺母

1) 标准喷嘴。标准喷嘴由垂直于轴线的入口平面部分、圆弧形曲面所构成的入口收缩部分、圆筒形喉部和为防止边缘损伤所需的保护槽组成，上游取压口采用角接取压，下游取压口可按角接取压设置，也可设置于较远下游处，如图 4-9 所示。

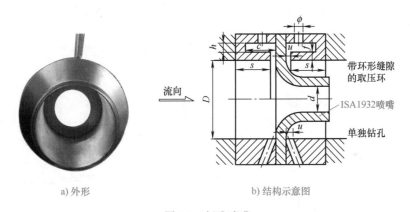

a) 外形　　　　　　　　b) 结构示意图

图 4-9　标准喷嘴

2) 长径喷嘴。长径喷嘴是上游面由垂直于轴的平面、廓形为 1/4 椭圆的收缩段、圆筒形喉部和可能有的凹槽或斜角组成的喷嘴，如图 4-10 所示。

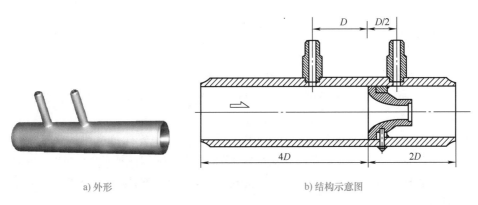

a) 外形　　　　　　　　b) 结构示意图

图 4-10　长径喷嘴

（3）文丘里管

文丘里流量计又称文丘里管，分为经典文丘里管、套管式文丘里管以及文丘里喷嘴。这里只介绍经典文丘里管，如图4-11所示。

图4-11　经典文丘里管的外形

经典文丘里管的轴向截面图如图4-12所示。它由入口圆筒段、圆锥收缩段、圆筒形喉部、圆锥扩散段组成。入口圆筒段的直径为D，其长度等于D；圆锥收缩段为圆锥形；圆筒形喉部为直径为d的圆筒形，其长度等于d；圆锥扩散段为圆锥形。

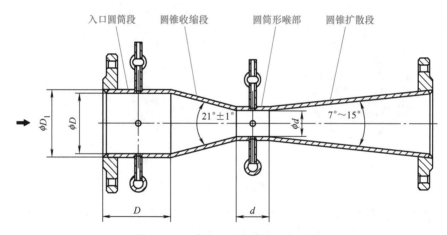

图4-12　经典文丘里管的轴向截面图

2.差压变送器

差压变送器是差压式流量计的组成部分。它是一种将过程流体的差压（或压力值）转换成标准电信号的仪表。它反映了节流装置高压侧压力与低压侧压力之间压差的大小。差压变送器主要分为电容式、扩散硅式、膜盒式、智能式。下面主要以电容式差压变送器为例进行介绍。

差压变送器与压力变送器的结构基本相同，一般由测压元件传感器、测量电路和过程连接件三部分组成，如图4-13所示。它能将测压元件传感器感受到的气体、液体等流体的物理压力参数转变成标准的电信号，供给流量积算仪、调节器等二次仪表进行测量、指示和过程调节。

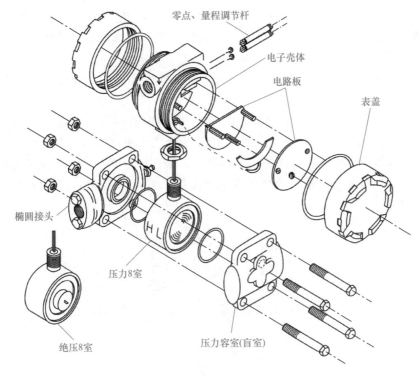

零点、量程调节杆

电子壳体

电路板

表盖

椭圆接头

H L

压力8室

绝压8室

压力容室(盲室)

图 4-13　电容式差压变送器结构

电容式差压变送器的工作原理为被测介质的两种压力通入高、低两个压力室，作用在敏感元件的两侧隔离膜片上，通过隔离片和元件内的填充液传送到测量膜片两侧。测量膜片与两侧绝缘片上的电极各组成一个电容器。膜片两边因差压产生一个应力，使膜片的一侧压缩，另一侧拉伸，两个应变电阻片位于压缩区内，另两个应变电阻位于拉伸区，它们连接成一个全动态惠斯通电桥。惠斯通电桥检测出电容的变化后，经过转换、放大，输出与输入信号呈线性关系的 DC 4 ～ 20mA 标准信号，如图 4-14 所示。

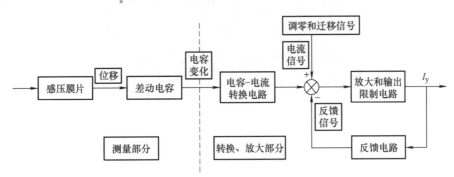

图 4-14　电容式差压变送器的工作原理

二、工作原理

在管道中流动的流体具有动压能和静压能，一定条件下这两种形式的能量可以相互转换，但参加转换的能量总和不变。在管道内部装上节流装置，由于节流装置的孔径小于管道内径，当流体流经节流装置时，流束截面突然收缩，流速加快。节流装置后端流体的静压力降低，于是在节流装置前后产生静压力差 p（$p=p_1-p_2$），且流过的流量越大，节流装置前后的压差也越大，流量与压差之间存在一定关系，这就是差压式流量计的测量原理。

由于流体流动是稳定不变的，即流体在同一时间内通过管道截面 A 和节流装置开孔截面 A_0 的流体量应相同，这样通过截面 A_0 的流速必然比通过截面 A 时的流速快。在流速变化的同时，流体的动压能和静压能也发生变化，根据能量守恒定律，在节流装置前后便出现了静压差。通过测量此静压差便可以求出流量。图 4-15 和图 4-16 为孔板及经典文丘里管的工作原理。

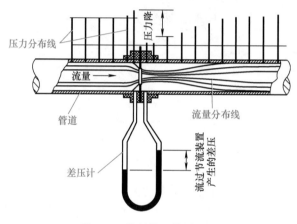

图 4-15 孔板的工作原理图

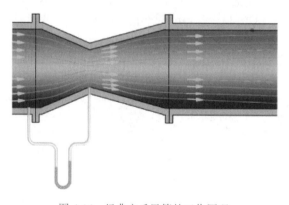

图 4-16 经典文丘里管的工作原理

三、安装要求

差压式流量计安装时由节流装置、引压管路、三阀组及差压变送器组成，如图 4-17 所示。安装时应注意：

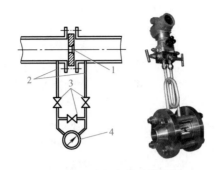

图 4-17 孔板流量计结构图

1—节流装置 2—引压管路 3—三阀组 4—差压变送器

1）可水平、垂直或倾斜安装，应保证管内充满液体或气体。

2）节流装置前、后直管段应是直的，无肉眼可见弯曲，同时管段应是"圆的"，即内壁应洁净、无凹坑与沉淀物。

3）气体取压口最好在管道上部；液体取压口在侧下方但不要在正下方，否则沉积颗粒会堵住取压口；蒸汽取压口在管道侧面。

4）节流装置方向注意不要弄错，标"＋"为正向，标"－"为负向，正向为迎着流体过来的方向。

5）测气体时差压变送器安装在管道上方，测液体时安装在管道下部，测蒸汽时如果有配冷凝罐的话，应当保持差压变送器与冷凝罐在同一水平高度。

6）导压管与差压变送器连接时要注意正负压不要装反，"H"为正，"L"为负。

7）各节流装置直管段长度要求及节流装置安装应符合 GB/T 2624—2006 有关规定。

8）引压管路安装应符合标准规定的规范。

四、特点与应用

1. 优点

1）优异的稳定性、可靠性和抗振动性能；简单牢固，性能稳定可靠，价格低廉。

2）对高温、高压、低静压、低流速、低密度流体的适应性。

3）口径从小到大，系列齐全。

4）变更量程方便。

5）只要按照标准设计、制造、安装和使用，无须实流标定就能获得规定的精度，因而为用户带来方便。

2. 缺点

1）测量精度在流量计中属中等水平。由于众多因素的影响而错综复杂，精度难以提高。

2）范围度窄，由于仪表信号（差压）与流量为二次方关系，一般范围度较小。

3）现场安装条件要求较高，如需较长的直管段（指孔板、喷嘴）。

4）节流装置与差压显示仪表之间的引压管线为薄弱环节，易产生泄漏、堵塞及冻结、信号失真等故障。

3. 应用

节流装置流量计应用范围特别广泛，在封闭管道的流量测量中，适用于各种对象。如流体方面，可用于单相、混相、洁净、脏污、黏性流体的流量测量等；工作状态方面，可用于常压、高压、真空、常温、高温、低温等流体的流量测量；管径方面，测量范围可从几毫米到几米；流动条件方面，可测量亚音速、音速、脉动流等流体。节流装置流量计在各工业部门的用量约占流量计全部用量的 $1/4 \sim 1/3$。

孔板流量计主要用于饱和蒸汽、过热蒸汽、压缩空气、混合非易燃易爆气体和热水的工业计量。喷嘴流量计的压力损失较小，比较坚固耐用，适合高温高压流体，如高温高压蒸汽和水。文丘里流量计主要用于测量封闭管道中单相稳定流体的流量，常用于测量空气、天然气、煤气、水等流体的流量。

案例分析

烧结厂空气点火炉流量检测

烧结点火炉是制造烧结矿的炉子，而烧结矿又是高炉铁水制造的主要原材料。烧结混合料给到烧结机台车上后，首先通过点火炉将其点燃。根据操作经验，点火炉的温度一般在 1250℃ 左右。温度过高，会使料层表面熔化，透气性变差；温度太低，料层表面点火不好，影响烧结矿的燃烧。上述两种情况，都会使烧结矿的产量减少，质量降低。因此，为了保证混合料很好烧结，要求料层有最佳的点火温度，同时为了使燃气充分燃烧，还需要有合理的空－燃比值。因此，实现点火炉燃烧控制十分重要。

烧结点火炉要进行空燃比控制，首先需要测量空气和煤气的流量，可以用文丘里流量计测量空气和煤气流量，如图 4-18 和图 4-19 所示。

图 4-18　烧结点火炉

图 4-19　文丘里流量计测量煤气流量

思考与练习

一、填空题

1. 常见的节流装置有_____、_____和_____三种。

2. 差压式流量计由一次装置_____和二次装置_____组成。

3. 孔板分为_____与_____。

4. 喷嘴是由收缩入口连接通常称为"_____"的圆筒部分所组成的装置，也就是说测量段是一段变径的_____。

5. 孔板流量计和文丘里流量计是通过_____来反映流量大小的。又称为_____流量计。

二、判断题

1. 用标准节流装置测量时，被测介质应充满管道截面，连续流动。 （　　）

2. 非标准孔板包括小口径孔板、1/4圆孔板、圆孔板、圆缺孔板、偏心孔板、双重孔板、内藏孔板、锥形入口孔板等。 （　　）

3. 用差压变送器测量节流件前后的差压，实现对流量的测量。 （　　）

4. 差压式流量计可以安装在竖直的管路上。 （　　）

5. 被测介质流经标准节流装置时，可以有液相变成气相的现象。 （　　）

三、简答题

1. 简述孔板流量计的结构及测量原理。

2. 简述文丘里流量计的结构及测量原理。

任务三　涡街流量计及应用

任务目标

知识目标：

1. 了解卡门涡街现象及其原理。

2. 了解涡街流量计的基本原理、结构及应用。

3. 了解涡街流量计的安装要求。

能力目标：

1. 能分辨出涡街流量计。

2. 掌握涡街流量计的接线及安装要求。

素养目标：

1. 培养多角度分析问题和解决问题的能力。

2. 鼓励学生积极通过实际生产、生活中的实例达到学习知识技能的目的。

任务引入

涡街流量计也称为漩涡流量计或卡门涡街流量计。它是根据卡门（Karman）涡街原理设计生产的测量气体、蒸汽或液体的体积流量、标准状况（简称标况）的体积流量或质量流量的体积流量计，主要用于工业管道介质流体的流量测量，如气体、液体、蒸汽等多种介质。

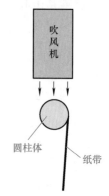

涡街流量计的特点是压力损失小，量程范围大，精度高，在测量工况体积流量时几乎不受流体密度、压力、温度、黏度等参数的影响；无可动机械零件，因此可靠性高，维护量小；仪表参数能长期稳定。涡街流量计采用压电应力式传感器，可靠性高，可在 $-20 \sim +250\,℃$ 的工作温度范围内工作；有模拟标准信号，也有数字脉冲信号输出，容易与计算机等数字系统配套使用，是一种比较先进、理想的测量仪器。涡街流量计主要根据卡门涡街原理来实现。如图 4-20 所示，用吹风机向裹着纸带的圆柱体吹风，低速吹风时纸带呈一条线基本不动，高速吹风时，也就是用高速风从上向下吹圆柱体时，纸带尾部左右摆动幅度较大。这就是卡门涡街现象的一个表现。

图 4-20　卡门涡街现象实验

 知识解析

一、卡门涡街现象及其原理

冯卡门漩涡（Von Karman Vortices）通常称为卡门涡街，是流体力学中一种重要的现象，在自然界中常可遇到，即在一定条件下绕过某些物体时，物体两侧会周期性地脱落出旋转方向相反、排列规则的双列线涡，由于非线性作用，形成冯卡门漩涡。如水流过桥墩、风吹过高塔、烟囱、电线等都会形成冯卡门漩涡。冯卡门漩涡现象在建筑、桥梁、飞机制造设计以及船舶领域均有重要应用。世界各地的海面上经常会上演绝妙的浮云图绘，如盘旋在墨西哥西海岸瓜达卢普岛上空的卡门漩涡云。图 4-21 为风云三号监测影像，这些漩涡的出现是因为瓜达卢普岛的山峰扰乱了风吹的云层，形成了卡门漩涡云。

图 4-21　卡门漩涡云

如图 4-22 所示，流体沿漩涡发生体流动的速度加快，从而在漩涡发生体两侧交替产生有规律的漩涡。流体流经圆柱体时，速度上升，压力下降（节流），在圆柱体后速度下降，压力上升。当达到一定条件时，附面层分离，产生旋向相反且交替出现的漩涡。这就是卡门涡街原理。

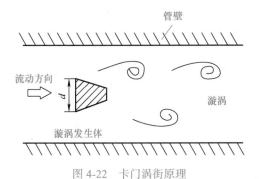

图 4-22 卡门涡街原理

二、涡街流量计

图 4-23 为涡街流量计。涡街流量计实现流量测量的理论基础就是流体力学中著名的卡门涡街流量原理。其原理是流体流经阻挡体或者是特制的元件时，产生了流动振荡，通过测定其振荡频率来反映通过的流量。涡街流量计的优点是无可动部件，寿命长；精度高，线性范围宽；量程范围宽（100∶1）；压力损失小；不受其他流体参数变化的影响；气、液均可以使用，可用于大口径管道的气液测量。它的缺点是干扰引起的流量振荡影响较大。

1.结构

涡街流量计由传感器和转换器两部分组成，传感器包括漩涡发生体（阻流体）、检测元件、仪表表体等；转换器包括前置放大器、滤波整形电路、D/A 转换电路、输出接口电路、端子、支架和防护罩等，如图 4-24 所示。

图 4-23 涡街流量计

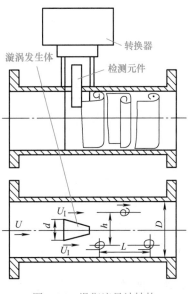

图 4-24 涡街流量计结构

（1）漩涡发生体

漩涡发生体是传感器的主要部件。目前已经开发出形状繁多的漩涡发生体，可分为单漩涡发生体和多漩涡发生体两类，单漩涡发生体的基本形状有圆柱、矩形柱和三角柱，其他形状皆为这些基本形态的变形。其中，三角柱形漩涡发生体是应用最广泛的一种，如图 4-25 所示。

a) 单漩涡发生体

b) 多漩涡发生体

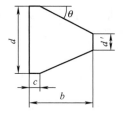

c) 三角柱形漩涡发生体

图 4-25　漩涡发生体

（2）检测元件

涡街流量计检测漩涡信号的方式有以下五种：

1）用设置在漩涡发生体内的检测元件直接检测发生体两侧差压。

2）漩涡发生体上开设导压孔，在导压孔中安装检测元件检测发生体两侧差压。

3）检测漩涡发生体周围的交变环流。

4）检测漩涡发生体背面的交变差压。

5）检测尾流中的漩涡列。

根据上述五种检测方式，采用不同的检测技术（热敏、超声、应力、应变、电容、电磁、光电、光纤等）可以构成不同类型的涡街流量计。表 4-1 为漩涡发生体和检测方式一览表。

表 4-1　漩涡发生体和检测方式一览表

序号	漩涡发生体截面形状	传感器		序号	漩涡发生体截面形状	传感器	
		检测方式	检测元件			检测方式	检测元件
1	▯ ⌇	方式 5）	超声波束	9	◁▷	方式 2）	反射镜 / 光电元件
2	◸	方式 2）	悬臂梁 / 电容，悬臂梁 / 压电片	10	▯ ▷▷	方式 5）	膜片 / 压电元件
		方式 3）	热敏元件	11	▯ ▷	方式 3）	扭力管 / 压电元件
		方式 5）	超声波束				
		方式 1）	应变元件				
3	◿	方式 1）	压电元件	12	▯ ◁	方式 4）	扭力管 / 压电元件
		方式 2）	压电元件				
4	◿	方式 1）	膜片 / 电容	13	◐ ⊐	方式 4）	振动片 / 光纤传感器
		方式 2）	热敏元件				
		方式 2）	振动体 / 电磁传感器	14	▮ ⊐	方式 5）	超声波束
5	▦	方式 1）	膜片 / 静态电容	15	⊶ ⊐	方式 2）	应变元件
6	▦	方式 1）	磁致伸缩元件	16	◇ ◁	方式 1）	压电元件
7	▯⊥	方式 1）	膜片 / 压电元件	17	▯ ◁	方式 4）	应变元件
8	▯⊥	方式 2）	热敏元件	18	⊘ ⌇	方式 5）	超声波束

检测元件把涡街信号转换成电信号，该信号既微弱又含有不同成分的噪声，必须进行

放大、滤波、整形等处理才能得出与流量成比例的脉冲信号。

2. 检测方法

（1）热电阻法（P脉动）

在空心圆柱棒空腔中间放入一个加热的铂电阻丝，在隔板层开几个导压孔，当一侧产生涡列时，压力变化（脉动），另一侧未变，所以流体经过导压孔突然流过铂电阻丝，使之冷却，温度降低，电阻减小，另一侧再产生涡列时，流体反而再次冷却，电阻减小，测出电阻下降的次数就可以推导出流体流量，如图4-26所示。

（2）热敏电阻法（灵敏度高）

在三角柱体的迎流面上对称地嵌入两个热敏电阻，热敏电阻中通入恒定的电流，使之温度在流体静止的情况下比流体高出10℃左右。未起漩时，流体的温度相同，交替旋转时，发生漩涡的一侧能量损失，因此流速降低，此侧对电阻的冷却作用下降，可以产生一个脉冲，如图4-27所示。

图4-26 热电阻法原理

1—圆柱棒 2—铂电阻丝 3—隔板 4—空腔 5—导压孔

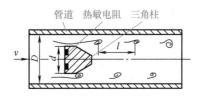

图4-27 热敏电阻法原理

（3）电磁检测法

漩涡发生体后设置一个信号电极，并使电极处于一个磁感应强度为B的永久磁场中，流体漩涡的振动使电极同频率振动，切割磁力线产生感应电动势，如图4-28所示。电磁检测法的特点是不受管道振动影响，如涡街频率检测方法。

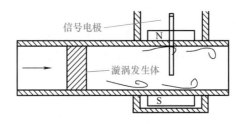

图4-28 电磁检测法原理

3. 安装

涡街流量计对管道流速分布畸变、旋转流和流动脉动等敏感，应充分重视现场管道安装条件，遵照生产使用说明书的要求执行安装。其具体安装要求如下。

（1）合理选择安装场所和环境

安装涡街流量计时要避开强电力设备、高频设备、强电源开关设备，避开高温热源和辐射源的影响，避开强烈振动场所和强腐蚀环境等，同时要考虑安装维修方便。

（2）上下游必须有足够的直管段

1）若传感器安装点的上游在同一平面上有两个 90° 弯头，则要求：上游直管段≥25D，下游直管段≥5D（管道内径）。

2）若传感器安装点的上游在不同平面上有两个 90° 弯头，则要求：上游直管段≥40D，下游直管段≥5D。

3）调节阀应安装在传感器的下游 5D 以外处，若必须安装在传感器的上游，则传感器上游直管段应不小于 50D，下游应不小于 5D。

（3）配管的安装

安装点上下游的配管应与传感器同心，同轴偏差应不小于 $0.5D_N$（公称直径）。

（4）传感器在水平管道的安装

在水平管道上安装是流量传感器最常用的安装方式，安装时应注意：

1）测量气体流量时，若被测气体中含有少量的液体，则传感器应安装在管线的较高处。

2）测量液体流量时，若被测液体中含有少量的气体，则传感器应安装在管线的较低处。

（5）传感器在垂直管道的安装

测量气体流量时，传感器可以安装在垂直管道上，流向不限。若被测气体中含有少量的液体，气体流向应由下向上。

测量液体流量时，液体流向应由下向上，从而不会将液体重量额外附加在探头上。

（6）传感器在水平管道的侧装

无论测量何种流体，传感器都可以在水平管道上侧装，特别是测量过热蒸汽、饱和蒸汽和低温液体时，若条件允许最好采用侧装，这样流体的温度对放大器的影响较小。

（7）测压点和测温点的选择

根据测量需要，需在传感器附近测量压力和温度时，测压点应在传感器下游的 3～5D 处，测温点应在传感器下游的 6～8D 处。

4. 应用

涡街流量计主要用于气体、液体、蒸汽等多种介质的流量测量。涡街流量计热敏检测元件灵敏度高，适用于较低温度（≤200℃）和较低密度的气体测量，但因热敏电阻用玻璃封装，较脆弱，易受流体中的污物、有害物质及颗粒物的影响，所以被测介质还应是清洁的液体或气体。

案例分析

制氧厂氧气流量检测

制氧厂一般采用低温分离空气法制取氧气，如图 4-29 所示。制氧厂主要分为空气增压系统、空气净化系统、换热系统、精馏系统以及后备系统几大块。制氧原理为：

利用带压介质（一般是空气，有时用氮气）膨胀制冷，产生冷量，经节流换热，将空气液化为液体，在精馏系统中形成上升蒸汽和回流液体，建立精馏工况，然后利用液空中氧气沸点（-183℃）和氮气沸点（-196℃）不同，上升蒸汽与回流液体传质传热，上升蒸汽中的氧气被冷却到回流液中，回流液中的氮气被蒸发到上升蒸汽中，经过多次精馏后，回流液体中的氧含量达到99.6%甚至更高、上升蒸汽中氮含量达到99.999%，就会得到高纯氮气以及液态氧气。液态氧气经过板式换热汽化就变成了所需的氧气。

图 4-29 制氧厂

　　制氧厂生产出的氧气需要用流量计来进行计量结算，此时就可以用涡街流量计来进行检测。

思考与练习

一、填空题

1. 冯卡门漩涡，通常称为＿＿＿＿＿＿＿＿，是流体力学中重要的现象，在自然界中常可遇到，在一定条件下绕过某些物体时，物体两侧会周期性地脱落出旋转方向相反、排列规则的＿＿＿＿＿＿＿＿，由于非线性作用，形成冯卡门漩涡。

2. 冯卡门漩涡原理是在流体沿漩涡发生体流动的＿＿＿＿＿＿＿加快，从漩涡发生体两侧交替产生有＿＿＿＿＿＿＿的漩涡。

3. 涡街流量计由＿＿＿＿＿＿＿和＿＿＿＿＿＿＿两部分组成。

4. 传感器包括＿＿＿＿＿＿＿、＿＿＿＿＿＿＿、＿＿＿＿＿＿＿等；转换器包括前置放大器、滤波整形电路、D/A 转换电路、输出接口电路、端子、支架和防护罩等。

5. 目前已经开发出形状繁多的漩涡发生体，可分为＿＿＿＿＿＿＿发生体和＿＿＿＿＿＿＿发生体两类。

二、判断题

1. 采用不同的检测技术（热敏、超声、应力、应变、电容、电磁、光电、光纤等）可以构成不同类型的涡街流量计。　　　　　　　　　　　　　　　　　（　　）

2. 检测元件把涡街信号转换成电信号，该信号既微弱又含有不同成分的噪声，必须进行放大、滤波、整形等处理才能得出与流量成比例的脉冲信号。　　　　（　　）

3. 涡街流量计安装时应避开强电力设备、高频设备、强电源开关设备、避开高温热源和辐射源的影响，避开强烈振动场所和强腐蚀环境等。　　　　　　（　　）

4. 在水平管道上安装涡街流量计，在测量气体流量时，若被测气体中含有少量的液体，传感器应安装在管线的较低处。在测量液体流量时，若被测液体中含有少量的气体，传感器应安装在管线的较高处。　　　　　　　　　　　　　　　　（　　）

三、简答题

1. 在自然界哪些现象可以观察到卡门漩涡?

2. 涡街流量计的检测原理是什么?

任务四　电磁流量计及应用

任务目标

知识目标:

1. 了解法拉第电磁感应定律及工作原理。

2. 了解电磁流量计的基本原理、结构及应用。

3. 了解电磁流量计的安装要求。

能力目标:

1. 能分辨出电磁流量计。

2. 掌握电磁流量计的接线及安装要求。

素养目标:

1. 培养学生独立思考和全面分析问题的能力。

2. 提升学生举一反三的能力。

任务引入

电磁流量计是基于电磁感应定律而工作的流量测量仪表。它能测量具有一定电导率的液体或液、固混合物的体积流量,常用于检测酸、碱、盐、含固体颗粒液体的流量。图 4-30 为法拉第电磁感应实验。在导体棒左右平动时,导体棒切割磁感应线,有电流产生;在导体棒前后平动、上下平动时,导体棒不切割磁感线,没有电流产生。

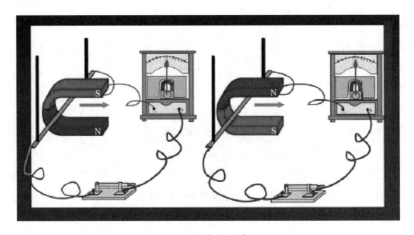

图 4-30　法拉第电磁感应实验

 知识解析

一、电磁流量计的工作原理

由图 4-30 实验结果可以得出法拉第电磁感应定律：当一导体在磁场中运动切割磁力线时，在导体的两端即产生感应电动势 e，其方向由右手定则确定，大小与磁场的磁感应强度 B、导体在磁场内的长度 l 及导体的运动速度 v 成正比，如果 B、l、v 三者互相垂直，则 $e = Blv$。电磁流量计的测量原理基于法拉第电磁感应定律，是在非磁性管道中利用测量导电流体平均速度而显示流量的流量计。

如图 4-31 所示，在磁感应强度为 B 的均匀磁场中，垂直于磁场方向放一个内径为 D 的非磁性管道，当导电液体在管道中以流速 v 流动时，导电流体就切割磁力线。如果在管道截面上垂直于磁场的直径两端安装一对电极，则可以证明：只要管道内流速分布为轴对称分布，两电极之间也会产生感应电动势，即 $e = BDv$，其中，v 为管道截面上的平均流速。由此可得管道的体积流量为

$$q_v = \frac{D\pi e}{4B}$$

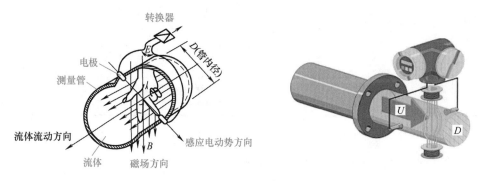

图 4-31　电磁流量计的工作原理

由上式可见，体积流量 q_v 与感应电动势 e 和测量管内径 D 呈线性关系，与磁场的磁感应强度 B 成反比，与其他物理参数无关。这就是电磁流量计的测量原理。

要使 $q_v = \dfrac{D\pi e}{4B}$ 严格成立，必须使测量条件满足下列假定：

1）磁场是均匀分布的恒定磁场。

2）被测流体的流速轴对称分布。

3）被测液体是非磁性的。

4）被测液体的电导率均匀且各向同性。

二、电磁流量计结构

电磁流量计由变送器和转换器两部分组成。电磁流量计变送器由磁路系统、测量管、

电极、外壳和干扰信号调整装置等部分组成，它将流量的变化转换成感应电动势的变化。转换器由电子元器件组成，它将微弱的感应电动势放大，并转换成统一的标准信号输出，以便进行远传指示、记录、计算和调节。

1. 衬里

电磁流量计需要增加衬里。根据其工作原理，电磁流量计一般有一组线圈和两个电极，线圈的作用是给流体加上一个电场，流动的导电液体相当于一个导体。根据法拉第电磁感应定律，当导体切割磁力线时会相应产生一个与速度成正比的感应电动势，电极的作用就是测量这个感应电动势，所以测量管内只有电极与导电液体相连，其他部分是内衬，必须要保证绝缘，电磁流量计才能正常工作。如果有磁场的那段金属管道也与液体相接触，电磁流量计所测的导电液体和金属管之间就会形成短路，就会导电，从而导致电磁流量计无法测量感应电动势，所以电磁流量计的内部都是有衬里的。表 4-2 为衬里的材料与特点。

表 4-2　衬里的材料与特点

衬里材料	测量流体实例	特点	备注
PFA	氢氟酸、盐酸、醋酸等强渗透性流体；易附着、易固化的流体；腐蚀性流体（电解液体、苛性钠、硫酸）；其他一般液体	耐腐蚀性强，机械强度高，内部平滑，耐附着性强	流体温度为 -10 ~ 160℃ 时，需注意渗透
聚氨酯橡胶	自来水、污水、工业用水、污泥、海水等	耐磨损性强，适用于土砂混合的泥水流体和弱酸、弱碱流体	流体温度为 0 ~ 40℃，不适用于有机溶剂的混合液体
陶瓷	硬质泥浆、腐蚀性流体、附着性流体、高温流体、高压流体	耐磨损性约为聚氨酯橡胶的 10 倍，高温高压下不变形，具有适用于耐噪声泥浆和渗透性流体的电极结构	用于氢氟酸、磷酸、强碱时需注意

衬里材料常用的有氯丁橡胶、丁腈橡胶、聚氨酯橡胶、PTFE（聚四氟乙烯）、PFA（特氟隆）、F46、陶瓷等。图 4-32 为衬里的结构。

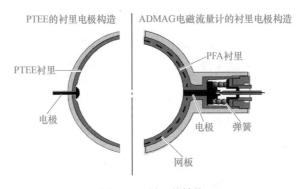

图 4-32　衬里的结构

2. 电极

电磁流量计电极的作用是测量感应电动势的大小。电极与被测介质直接接触，所以电极材料的选择非常重要。常用的电极材料有 316L 不锈钢、哈氏合金、钛、钽、铂 – 铱合金等，可根据介质的特性来选择电极材料。表 4-3 为电极材料与测量流体对应表。

表 4-3　电极材料与测量流体对应表

电极材料	测量流体实例	特点
316L 不锈钢	自来水、污水	不适用于海水、盐酸、硫酸、硝酸、氢氧化钠
哈氏合金 C	醋酸、氢氧化钠	不适用于盐酸、硫酸、硝酸等
钽	海水、醋酸、硫酸、硝酸、盐酸、氯化铜、醋酸铅、次氯酸	适用于大部分药品
钛	海水、醋酸、氯化钠	不适用于盐酸、硫酸、硝酸等
铂 – 铱铂铝含陶合金（仅陶瓷衬里用）	海水、醋酸、氢氧化钠、硫酸、硝酸、次氯酸钠	适用于大部分药品，不适用于王水、次氯酸、氯化铜、氰化盐
碳化钨	红泥泥浆、矿石泥浆、氧化铁泥浆、高浓度纸浆	适用于磨耗性液体，尤其是泥浆流体，不适用于腐蚀性流体

三、电磁流量计的特点

1. 优点

1）测量管内无可动部件或凸出于管道内的部件，压力损失小，并可以测量含有颗粒、悬浮物等流体的流量，如纸浆、矿浆和煤粉浆的流量，这是电磁流量计的突出优点。由于电磁流量计的衬里和电极是防腐的，可以用来测量腐蚀性介质的流量。

2）电磁流量计输出电流与流量间具有线性关系，并且不受液体的物理性质（温度、压力、黏度）的影响。特别是不受黏度的影响，这是一般流量计所做不到的。

3）只要符合电导范围，电磁流量计的测量特性与流体的性质无关。

4）电磁流量计的测量范围宽，对于同一台电磁流量计可达 100∶1；精度高，可达 ±0.2%，重复性好，高于 ±0.1%；口径可以从 1mm 做到 2m 以上。

5）更换不同的内衬及电极材料可测强酸、强碱。

6）电磁流量计反应迅速，可以测量脉动流量。

2. 缺点

1）不能测量非导电的液体、液气两相流、气体及绝缘类的油类。

2）由于内衬材料及励磁线圈耐温的限制，一般只能测 180℃以下的流体。

3）受流体流速及流场分布的影响，要求流体流速对轴心均匀对称分布，所以要有前后直管段。一般只需前 5D 后 2D 即可。

四、电磁流量计的安装

1. 安装场所（针对防护等级 IP65）

1）测量混合相流体时，选择不会引起相分离的场所；测量双组分液体时，避免装在混合尚未均匀的下游；测量化学反应管道时，要装在反应充分完成段的下游。

2）尽可能避免测量管内变成负压。

3）选择振动小的场所，特别是对于一体化仪表。

4）避免附近有大电机、大变压器等，以免引起电磁场干扰。

5）传感器必须单独接地（接地电阻10Ω以下）。

6）尽可能避开周围环境有高浓度腐蚀性气体。

7）环境温度在 $-25/-10 \sim 50/600\,℃$ 范围内，环境相对湿度在 $10\% \sim 90\%$ 范围内，尽可能避免受阳光直照。

8）避免雨水浸淋，不会被水浸没。

2. 直管段安装要求

应符合相关规定，一般需前 $5D$ 后 $2D$。

3. 安装位置和流动方向

传感器安装方向水平、垂直或倾斜均可，不受限制。但测量固液两相流体最好垂直安装，自下而上流动，这样能避免水平安装时衬里下半部局部磨损严重、低流速时固相沉淀等缺点。

水平安装时要使电极轴线平行于地平线，不要垂直于地平线，这是因为处于底部的电极易被沉积物覆盖，顶部电极易被液体中偶存气泡擦过遮住电极表面，使输出信号波动。

五、电磁流量计的应用

电磁流量计的测量通道是一段无阻流检测元件的光滑直管，因不易阻塞，适用于测量含有固体颗粒或纤维的液固二相流体，如纸浆、煤水浆、矿浆、泥浆和污水等。它不产生因检测流量所形成的压力损失，仪表的阻力仅是同一长度管道的沿程阻力，节能效果显著，对于要求低阻力损失的大管径供水管道最为适合。电磁流量计主要应用于水流量的检测。

案例分析

自来水厂水流量检测

自来水厂指具有一定生产设备，能完成自来水整个生产过程，水质符合一般生产用水和生活用水要求，并可作为公司（厂）内部一级核算的生产单位。图4-33为某自来水厂。

用于水厂水量计量的电磁流量计主要是为生产和管理提供有效依据，如图4-34所示。安装于水厂的进水电磁流量计最直接的作用是提供实时制水量，便于净水投药、投氯的自动化控制，计算药耗、氯耗、电耗，有效地为净水处理和控制成本提供实时依据；另一方面，当吸水泵房正常开机时，可以通过进水流量计显示异常流量，及时反映上水管路爆管或机组异常等故障。出厂水流量计则可与出厂水压力一起参与城市管网的调度，以确保合适的供水压力；也可以为泵房机组的运行提供参考。

图 4-33　某自来水厂

图 4-34　电磁流量计的安装

 思考与练习

一、填空题

1. 电磁流量计是基于_____而工作的流量测量仪表。它能测量具有一定电导率的_____体积流量，常用于检测酸、碱、盐、含固体颗粒液体的流量。电磁流量计通常由_____组成。

2. 当导电液体流过电磁流量计时，导体中会产生_____，其感应电动势与_____、_____、_____成正比。该感应电动势由流量计管壁上的一对电极检测到，通过计算就可以得到流量。

3. 常用电极材料有：_____、_____、钛、钽、铂 – 铱合金等。

4. 对于含有固体颗粒的液体或浆液建议_____安装电磁流量计，流体_____，这是因为杂质容易在测量底部产生沉淀。

二、判断题

1. 电磁流量计不能测非导电的液体、液气两相流、气体及绝缘类的油类。　（　　　）

2. 电磁流量计的安装对前后直管段没有要求。　（　　　）

3. 电磁流量计不要安装在容易引起电磁干扰的电动机、变压器或其他动力电源附近。　（　　　）

4. 不要把电磁流量计安装在液体电导率不均匀的地方。　（　　　）

5. 不要孤立地安装电磁流量计在自由振动的管道上，应用一个安装底座来固定测量。　（　　　）

6. 电磁流量变送器和化工管道紧固在一起，可以不必再接地线。　（　　　）

7. 电磁流量计的输出电流与介质流量有线性关系。　（　　　）

三、简答题

1. 简述电磁流量计的工作原理。

2. 为什么电磁流量计的接地特别重要？应如何接地？

任务五　超声波流量计及应用

 任务目标

知识目标：

1. 了解超声波流量计的工作原理。
2. 了解超声波流量计的结构及应用。
3. 了解超声波流量计的安装要求。

能力目标：

1. 能分辨出外贴式、管段式、插入式超声波流量计。
2. 了解超声波的工作原理。

素养目标：

1. 培养多角度分析问题和解决问题的能力。
2. 树立最优化解决问题的思想，倡导合作学习的精神。

 任务引入

　　目前工业流量测量普遍存在着大管径、大流量测量困难的问题，而随着测量管径的增大会带来制造和运输上的困难，造价提高、能耗加大，超声波流量计均可避免这些缺点。各类超声波流量计均可管外安装、非接触测流，仪表造价基本上与被测管道口径大小无关，而其他类型的流量计则随着口径增加，造价大幅度增加。超声波流量计与相同功能的其他类型流量计的功能、价格相比，管径越大越优越，被认为是较好的大管径流量测量仪表。

 知识解析

一、超声波流量计的工作原理

1. 工作原理

　　超声波流量计采用基本的声波传播时间法，两个传感器发射和接收具有时间标志的声波脉冲。零流量时，声波在两个传感器之间往返的时间完全相同。液体开始流动时，顺流方向的传播时间较短，而逆流方向的传播时间较长。通过测量上述顺流和逆流的时间差，可确定管道内流体的流量，如图4-35所示。

2. 分类

　　工作现场一般用封闭管道来运输流体。封闭管道用超声波流量计按测量原理分类有传播时间法、多普勒效应法、波束偏移法、相关法、噪声法。这里讨论用得最多的传播时间法和多普勒效应法的仪表。

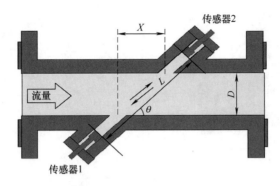

图 4-35 超声波流量计的工作原理

（1）传播时间法

传播时间法又称传播速度差法，其基本原理是通过测量超声波脉冲顺流和逆流传播时的速度之差来反映流体的流速。按照换能器的配置方法不同，传播速度差法又分为 Z 法（透过法）、V 法（反射法）、X 法（交叉法）等。

（2）多普勒效应法

多普勒效应法是利用声学多普勒原理，通过测量不均匀流体中散射体散射的超声波多普勒频移来确定流体流量，适用于含悬浮颗粒、气泡等流体流量的测量。

3. 特点

（1）优点

工作原理简单；重复性好，测量精度高，线性好；量程比大，一般为 1∶20，甚至更高；不受气体压力、温度或气体组分变化的影响；测量管径大，最大测量管径可达 10m；无可动部件，无压力损失，坚固耐用。

（2）缺点

价格昂贵，只适用于大、中口径；对上下游直管段长度有要求；结构较为复杂，故障排除较困难，抗干扰性较差，对安装的要求十分严格。

二、超声波流量计的结构、安装与应用

1. 结构

超声波流量计由超声换能器（或由换能器和测量管组成的超声波流量传感器）和转换器组成，如图 4-36 所示。

转换器在结构上分为固定盘装式和便携式。超声换能器和转换器之间由专用信号传输电缆连接，在固定测量的场合需在适当的地方装接线盒。转换器接收超声换能器的信号，且具有处理测量信号和显示、输出及记录测量结果等功能。

超声波换能器是一种能量转换器件，如图 4-37 所示。它的功能是将输入的电功率转换成机械功率（即超声波）再传递出去，而它自身消耗掉很少的一部分功率（小于 10%）。超声波探头中的换能器常用压电晶片来制作，压电晶片的振动频率就是探头的工作频率，主要取决于晶片的厚度和超声波在晶片材料中的传播速度。

图 4-36　超声波流量计

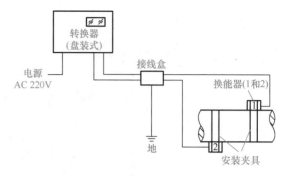

图 4-37　超声波换能器转换过程

根据超声波换能器的使用不同，可分为外贴式、管段式、插入式三种超声波流量计，如图 4-38 所示。

a) 外贴式　　　　　b) 管段式　　　　　c) 插入式

图 4-38　三种超声波流量计

（1）外贴式

外贴式超声波流量计是生产最早、用户最熟悉且应用最广泛的超声波流量计，安装换能器无须管道断流，即贴即用，充分体现了超声波流量计安装简单、使用方便的特点。

（2）管段式

某些管道因材质疏松、导声不良，锈蚀严重、衬里和管道内空间有间隙等原因，导致超声波信号衰减严重，用外贴式超声波流量计无法正常测量，所以产生了管段式超声波流量计。管段式超声波流量计把换能器和测量管组成一体，弥补了外贴式流量计的不足，而且测量精度比其他超声波流量计要高，但代价是牺牲了外贴式超声波流量计不断流安装这一优点，要求切开管道安装换能器。

（3）插入式

插入式超声波流量计介于上述二者中间。在安装上可以不断流，利用专门工具在有水的管道上打孔，把换能器插入管道内，便可完成安装。由于换能器在管道内，其信号的发射、接收只经过被测介质，而不经过管壁和衬里，所以其测量不受测量管材质和衬里材料的限制。

2. 安装

1）超声波流量计在现场安装前，必须先送到法定计量检定部门进行实流标定，以确定或核对其精度，出厂报告仅作为参考使用。

2）应注意调整超声波流量计的测量声道的安装方位，使超声波在管内壁的反射点都不在管道的底部。这种安装要求可以防止在管道底部可能聚集的液体或脏污所引起的超声信号的衰减和潜在的失去测量结果的危险。

3）温度变送器安装在流量计下游直管段的 $2D \sim 5D$（D 为流量计的公称通径）范围以内，垂直开孔安装插入测温元件。

4）前、后直管道与流量计表体内径的差值应不超过 1%。

5）当将电缆的各屏蔽层接地时，应仅在远程终端单元（RTU）这一端接地。不得将屏蔽层的两端接地，否则会产生接地回路电流，而造成测量回路中的其他问题。

超声波流量计的安装如图 4-39 所示。

图 4-39　超声波流量计的安装

3. 应用

超声波流量计适用于不易接触和观察的流体以及大管径流量的测量，广泛应用于长输管线、集气系统、海洋天然气、压气站、气体处理工厂、高压管线、输配管网。

案例分析

天然气流量检测

随着石油工业的飞速发展以及国际贸易的不断增多，对天然气流量测量的准确性和可靠性要求越来越高，各类贸易交接场所迫切需要能够满足大流量、高压力下天然气精确计量要求的流量计，同时随着自动化水平的不断提高，天然气管输集中调度系统也需要能够满足站控计算要求的高精度流量计，并能够稳定运行，减少日常维护工作量。目前，国内已经开始广泛采用气体超声波流量计进行天然气的贸易或计量交接。

思考与练习

一、填空题

1. 超声波流量计是一种_____流量测量仪表，可测量_____、_____介质的体积流量。

2. 超声波流量计按测量原理分类有_____、_____、波束偏移法、相关法、噪声法。

3. 根据超声波换能器的使用不同，可分为_____、_____、_____三种超声波流量计。

4. 超声波流量计适用于不易接触和观察的流体以及_____流量的测量。

二、判断题

1. 外贴式超声波流量计安装换能器无须管道断流，即贴即用。　　　　　（　　）

2. 某些管道因材质疏松、导声不良，或者锈蚀严重、衬里和管道内空间有间隙等原因，导致超声波信号衰减严重，所以应该使用管段式超声波流量计。　　　（　　）

3. 插入式超声波流量计测量精度比其他超声波流量计要高。　　　　　（　　）

三、简答题

1. 超声波流量计的工作原理是什么？

2. 超声波在生产生活中还可以应用在哪些方面？

项目五 物位检测

项目描述

在工业生产中，温度、压力和流量被称为三大基本物理量，而物位检测也是不可或缺的，所以物位号称"热工四大参数"之一。物位测量的目的在于正确地测量容器中所贮藏物质的容量或质量；随时知道容器内物位的高低，对物位上、下限进行报警；连续地监视生产和进行调节，使物位保持在所要求的高度。物位测量对于保证设备的安全运行十分重要。

项目目标

通过本项目学习，熟悉物位的基本概念和接近开关的相关知识，并熟悉常用的物位检测方法。掌握电涡流传感器的工作原理和基本特点，了解雷达传感器检测组件的外形和基本原理，了解霍尔式传感器和干簧管的工作原理与基本特点，了解电容式接近开关的工作原理，掌握光电传感器的工作原理和基本特点。

任务一　物位测量的一般概念及物位传感器介绍

任务目标

知识目标：

1. 理解物位相关的基本概念。
2. 了解物位的测量原理。
3. 掌握物位传感器的种类。

能力目标：

学会识别常用的物位传感器。

素养目标：

1. 培养仔细观察、做好记录的习惯，掌握科学的学习方法。

2. 学会通过网络查阅资料，实现课堂学习举一反三，养成查阅资料的习惯。

3. 培养独立思考的习惯和合作学习的精神。

 任务引入

在工业生产、科学研究等各个领域中，经常需要对某可动部分进行检测定位，或判断是否有工件存在。这时就需要用到物位传感器。图 5-1 所示为两种物位传感器。

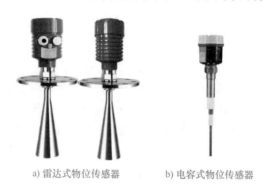

a) 雷达式物位传感器　　　　b) 电容式物位传感器

图 5-1　两种物位传感器

 知识解析

一、物位的概念

一般常把生产过程中的储罐、贮槽、各种塔类等容器内所存的液体高度或表面位置称为液位。贮槽、槽斗、仓库中所存的固体块、颗粒粉料堆积的高度或表面位置称为料位。液位液相界面、液位固相界面称为界面位置。上述液位、料位、界面位置统称为物位。用来对物位进行测量、报警和控制的自动化仪表称为物位测量仪表。所以，物位传感器是能感受物位（液位、料位）并转换成可用输出信号的传感器。

二、物位测量的主要方法及分类

工业上通过物位测量能正确获取各种容器和设备中所储物质的体积和质量，能迅速正确反映某一特定基准面上物料的相对变化，监视或连续控制容器设备中的介质物位，或对物位上下极限位置进行报警。物位传感器种类较多，主要分类如下。

1. 按测量方式分类

物位传感器按测量方式可分为两类，一类是连续测量物位变化的连续式物位传感器；另一类是以点测为目的的开关式物位传感器。

目前，开关式物位传感器比连续式物位传感器应用更广泛。它主要用于过程自动控制的门限、溢流和空转防止等。连续式物位传感器主要用于连续控制和仓库管理等方面，有

时也可用于多点报警系统中。

开关式物位传感器也称为接近开关，又称无触点行程开关，它除了可以完成行程控制和限位保护外，还是一种非接触型的检测装置（检测距离一般为几毫米至几十毫米），可用于检测零件尺寸和测速等，也可用于变频计数器、变频脉冲发生器、液面控制和加工程序的自动衔接等。

2. 按工作原理分类

物位传感器按工作原理可分为以下几种类型：

1）直读式。直读式物位传感器根据流体的连通性原理来测量液位。图 5-2 为直读式液位计。

2）浮力式。浮力式物位传感器根据浮子高度随液位高低而改变或液体对沉浸在液体中的浮筒（或称沉筒）的浮力随液位高度变化而变化的原理来测量液位。前者称为恒浮力式，后者称为变浮力式。图 5-3 所示为浮筒式液位计。

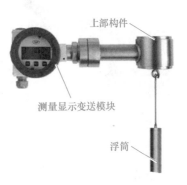

上部构件

测量显示变送模块

浮筒

图 5-2　直读式液位计　　　　　　图 5-3　浮筒式液位计

3）差压式。差压式物位传感器根据液柱或物料堆积高度变化对某点产生的静（差）压力的变化的原理测量物位。

4）电学式。电学式物位传感器根据把物位变化转换成各种电量变化的原理来测量物位。

5）核辐射式。核辐射式物位传感器根据同位素射线的核辐射透过物料时，其强度随物质层的厚度变化而变化的原理来测量液位。

6）声学式。声学式物位传感器根据物位变化引起声阻抗和反射距离变化来测量物位。图 5-4 为超声波物位计。

7）其他形式。其他形式的物位传感器有微波式、激光式、射流式、光纤维式等。

图 5-4　超声波物位计

三、物位传感器

由于目前市场上开关式物位传感器应用最为广泛，所以这里主要介绍常见的开关式物位传感器，即常见的接近开关。

因为物位传感器可以根据不同的原理和不同的方法制成，而不同的物位传感器对物体的感知方法也不同，所以常见的接近开关有以下几种。

1. 电感式接近开关

电感式接近开关利用导电物体在接近接近开关（能产生电磁场）时，使导电物体内部产生涡流，涡流反作用到接近开关，使开关内部电路参数发生变化，由此识别出有无导电物体移近，进而控制开关的通断。电感式接近开关所能检测的物体必须是导电体。图 5-5 为电感式接近开关。

2. 电容式接近开关

电容式接近开关的工作原理是当有物体移向接近开关时，不论它是否为导电物体，由于它的接近，都会使电容的介电常数发生变化，从而使电容量发生变化，使得和测量头相连的电路状态也随之发生变化，由此便可控制开关的通断。电容式接近开关检测的对象，不限于导电物体，可以是绝缘的液体或粉状物等。图 5-6 为电容式接近开关。

图 5-5　电感式接近开关

图 5-6　电容式接近开关

3. 霍尔式接近开关

霍尔式接近开关是一种磁敏元件。当磁性物件移近霍尔式接近开关时，开关检测面上的霍尔元件因产生霍尔效应而使开关内部电路状态发生变化，由此识别附近有磁性物体存在，进而控制开关的通断。霍尔式接近开关的检测对象必须是磁性物体。图 5-7 为霍尔式接近开关。

4. 光电式接近开关

光电式接近开关是利用发光器件与光电接收器件按一定方向安装在同一个检测头内或者分开安装，当有反光面（被测物体）接近时，光电器件接收到反射光后便在信号输出，由此便可感知有物体接近。图 5-8 所示为光电式接近开关。

图 5-7　霍尔式接近开关

图 5-8　光电式接近开关

四、接近开关的常用术语

1. 动作（检测）距离

动作距离是指被测物体按一定方式移动时，从基准位置（接近开关的感应表面）到开关动作时测得的基准位置到检测面的空间距离。额定动作距离是指接近开关动作距离的标称值，如图 5-9 所示。

2. 设定距离

设定距离是指接近开关在实际工作中的整定距离，一般为额定动作距离的 0.8 倍。被测物体与接近开关之间的安装距离一般等于额定动作距离，以保证工作可靠。接近开关安装后还须通过调试，然后紧固。

3. 复位距离

接近开关动作后又再次复位时与被测物体的距离称为复位距离，它略大于动作距离。

4. 回差值

回差值是指动作距离与复位距离之间的绝对值。回差值越大，对外界的干扰以及被测物体的抖动等的抗干扰能力就越强。

5. 响应频率（f）

按规定，在 1s 的时间间隔内，接近开关动作循环的最大次数称为响应频率。重复频率大于响应频率时，接近开关无反应。

6. 响应时间（t）

接近开关检测到物体时刻到接近开关出现电平状态翻转的时间之差，称为响应时间。其计算公式为

$$t=1/f$$

式中，f 为响应频率。

7. 安装方式

接近开关的安装方式有齐平式和非齐平式两种，如图 5-10 所示。齐平式（又称埋入式）安装的接近开关表面可与被安装的金属物件形成同一表面，不易被碰坏，但灵敏度较低；非齐平式（又称非埋入式）安装的接近开关则需要把感应头露出一定高度，否则将降低灵敏度。

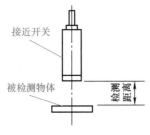

图 5-9　接近开关工作原理

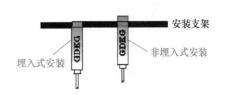

图 5-10　接近开关的安装方式

8. 输出状态

接近开关按输出状态可分为常开型和常闭型。对常开型接近开关而言，当未检测到物体时，由于接近开关内部的输出级晶体管截止，所连接的负载不工作（失电）；当检测到物体时，内部的输出级晶体管导通，负载得电工作。对常闭型接近开关而言，当未检测到物体时，晶体管反而处于导通状态，负载得电工作；反之则负载失电不工作。

9. 常用的接线形式

接近开关常用的接线形式有：

1）NPN 二线，NPN 三线，NPN 四线。

2）PNP 二线，PNP 三线，PNP 四线。

3）DC 二线，AC 二线，AC 五线（带继电器）。

五、接近开关的使用注意事项

1）勿将电感式接近开关置于 0.02T 以上的磁场环境下使用，以免造成误动作。

2）为了保证不损坏接近开关，用户在接通电源前应检查接线是否正确，核定电压是否为额定值。

3）为了使接近开关长期稳定工作，务必对接近开关进行定期维护，包括被测物体和接近开关的安装位置是否有移动或松动，接线和连接部位是否接触不良，是否有金属粉尘黏附等。

4）DC 二线制接近开关具有 0.5 ~ 1mA 的静态泄漏电流，在一些对泄漏电流要求较高的场合，可改用 DC 三线制接近开关。

思考与练习

一、填空题

1. 将_____、_____、_____统称为物位。

2. 开关式物位传感器也称_____，又称_____。

3. 物位传感器按测量方式分可分为_____和_____。

4. 电感式接近开关的被测物体必须是_____。

二、判断题

1. 直读式物位计是根据流体的连通性原理来测量液位。 （　　）

2. 霍尔式接近开关只能检测磁性物体。 （　　）

3. 电容式接近开关只能检测非金属物体。 （　　）

4. 电学式物位计是根据把物位变化转换成各种电量变化的原理来测量物位。 （　　）

三、简答题

1. 简述物位传感器的分类方法。

2. 简述接近开关使用时的注意事项。

任务二 电感式接近开关及应用

任务目标

知识目标：

1. 了解电感式接近开关的工作原理。
2. 了解电感式接近开关的结构及分类。
3. 掌握电感式接近开关的测量电路及应用。

能力目标：

1. 学会电感式接近开关的外部接线方法。
2. 学会电感式接近开关的安装。

素养目标：

1. 培养多角度分析问题和解决问题的能力。
2. 鼓励学生积极通过实际生产、生活中的实例达到学习知识技能的目的。

任务引入

日常生活中经常会遇到过安检的情况，过了安检门，还有安检人员拿着手持式检测仪检测，如图 5-11 所示。观察手持式检测仪检测不同物质时的反应，可以发现它对不同的物质的反应不一样。那么手持式检测仪是如何工作的呢？带着这个问题，本任务学习一种接近开关——电感式接近开关。

知识解析

一、电涡流效应

根据法拉第电磁感应定律，块状金属导体置于变化的磁场中或在磁场中做切割磁力线运动时，导体内将产生呈漩涡状流动的感应电流，称为电涡流，这种现象称为电涡流效应，如图 5-12 所示。

图 5-11 手持式金属探测器

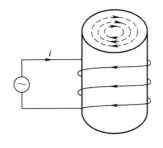

图 5-12 电涡流效应

电涡流的大小与金属体的电阻率 ρ、磁导率 μ、金属板的厚度以及产生交变磁场的线圈与金属导体的距离 x、线圈的励磁电流频率 f 等参数有关。若固定其中若干参数，就能按电涡流大小测量出其他参数。

二、电感式接近开关的工作原理

电感式接近开关是一种开关量输出的位置传感器，当检测线圈通以交流电时，在检测线圈的周围产生一个交变的磁场，当金属物体接近检测线圈时，金属物体内部就会产生电涡流，电涡流反作用于检测线圈使其电感系数 L 发生变化，从而使检测电路转换为开关信号输出，即电感式接近开关是利用电涡流效应工作的。图 5-13 为电感式接近开关的工作原理。

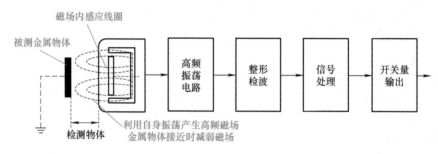

图 5-13   电感式接近开关的工作原理

当交变电流通过导线时，电涡流将集中在导体表面流通，尤其当频率较高时，电流几乎是在导体表面附近的一薄层中流动，这就是所谓的趋肤效应现象。由上述影响电涡流大小的因素可知，交变电流频率越高，电涡流的趋肤效应越显著，即电涡流穿透深度越小。

可见，电涡流穿透深度与激励电流频率有关，所以根据激励电流频率的高低，电感式接近开关可分为高频反射式和低频透射式两大类。前者用于非接触式位移变量的检测，后者仅用于金属板厚度的测量。

电感式接近开关结构简单、灵敏度高、频率响应范围宽、不受油污等介质的影响，并能进行非接触测量，适用范围广，可用来测量位移、厚度、转速、温度、硬度等参数，以及用于无损探伤领域。目前高频反射式电感式传感器应用广泛，因此本任务主要介绍高频反射式电感式传感器。

三、电感式接近开关的结构

电感式接近开关由三大部分组成：振荡器、开关电路及放大输出电路。振荡器产生一个交变磁场。当金属目标接近这一磁场，并达到感应距离时，在金属目标内产生电涡流，从而导致磁场振荡衰减，以致停振。振荡器振荡及停振的变化被后级放大电路处理并转换成开关信号，触发驱动控制器件，从而达到非接触式的检测目的。

由上述可知，电感式接近开关是根据振荡电路衰减来判断有无物体接近的。被测物体要有能影响电磁场使接近开关的振荡电路产生电涡流的能力，所以，一般来说电感式接近开关只能用来测量金属物体。

四、电感式接近开关的测量电路

在实际应用中，电感式接近开关的励磁线圈通常工作在较高频率下，所以信号转换电路主要有调幅电路和调频电路两种。

1. 调幅（AM）电路

调幅电路由传感线圈与调谐电容组成并联 LC 谐振回路，由石英晶体振荡器提供高频励磁电流，测量电路的输出电压正比于 LC 谐振电路的阻抗 Z，因而传感线圈与被测物体之间的距离 δ 变化，引起 Z 的变化，从而使输出电压跟随变化，最终实现位移量的测量，故称调幅法。图 5-14 为调幅电路的结构。

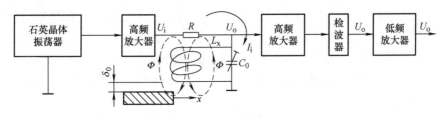

图 5-14 调幅电路的结构

2. 调频（FM）电路

调频法以 LC 振荡回路的频率作为输出量。当电涡流线圈与被测物体的距离 x 改变时，电涡流线圈的电感量 L 也随之改变，引起 LC 振荡器的输出频率变化，此频率可直接用计算机测量。

要用模拟仪表进行显示或记录时，必须使用鉴频器将 Δf 转换为电压 ΔU_{o}。图 5-15 为调频电路的结构。

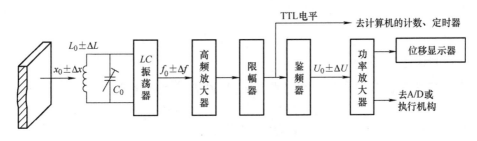

图 5-15 调频电路的结构

五、电感式接近开关的接线方法

依据电感式接近开关的输出形式，可归纳出以下几种常用的接线方式。

1. 二线制接法

在二线制接法中，分直流和交流两种类型。连接时只需要两根线，可以把电感式接近开关看成类似机械限位开关，将其串联入电路，或者和 PLC 连接。二线制接近开关没有过载和短路保护，所以在实际使用中需要在负载上加装熔断器。直流型电感式接近开关电源电压一般为 5 ～ 30V，交流型电感式接近开关电源电压为 90 ～ 250V。图 5-16 为二线制接法。

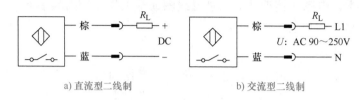

a) 直流型二线制　　　　　　　b) 交流型二线制

图 5-16　二线制接法

2. 三线制接法

电感式接近
开关原理讲解

电感式接近
开关实验演示

三线制接法又分为 NPN 型和 PNP 型两种。实际使用的接近开关大多是以 24V 直流供电，将棕、蓝色信号线分别连接到 24V 电源的正、负端，黑色信号线一般作为信号输出线，连接负载。对于 NPN 型接近开关，负载另外一端应接到电源正极端；对于 PNP 型接近开关，负载另外一端应接到电源负极端。负载一般为指示灯、继电器等。

需要指出的是，当黑色信号线与 PLC 连接时，PLC 数字信号输入模块一般可分为两类：一类的公共输入端为电源 0V，电流从输入模块流出（日本模式），此时一定要选用 NPN 型接近开关；另一类的公共输入端为电源正端，电流从输入模块流入（欧洲模式），此时，一定要选用 PNP 型接近开关。注意不能选错！图 5-17 为三线制接法。

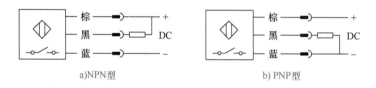

a)NPN型　　　　　　　　　b) PNP型

图 5-17　三线制接法

3. 四线制接法

四线制接法是在三线制的基础上把常开型和常闭型结合到一起。四线制接法分为 NPN– 开 – 闭型和 PNP– 开 – 闭型两种。电源接法和三线制一样，信号线有两个黑色为常开型，黄（白）色为常闭型。图 5-18 为四线制接法。

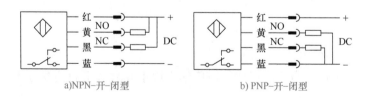

a)NPN–开–闭型　　　　　　b) PNP–开–闭型

图 5-18　四线制接法

六、电感式接近开关的应用

电感式接近开关具有测量范围大、灵敏度高、结构简单、抗干扰能力强和可以非接触测量等优点，被广泛应用于工业生产和科学研究各领域中。其次，电涡流效应在生活中也有很多应用。

1. 电涡流效应的应用——电磁炉

电磁炉是日常生活中常见的家用电器，电涡流传感器是其核心器件之一。高频电流通过励磁线圈，产生交变磁场；在铁质锅底会产生无数的电涡流，使锅底自行发热，烧熟锅内的食物。图 5-19 为电磁炉的工作原理。

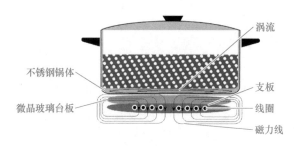

图 5-19 电磁炉的工作原理

2. 转速测量

如图 5-20 和图 5-21 所示，在旋转体上加装一个槽状或齿状（槽数或齿数为 z）金属体，旁边安装一个电感式接近开关，当旋转体转动时，电涡流传感器将周期性地改变输出信号，频率计的读数为 f，则转速计算公式为

$$n = 60\frac{f}{z}$$

例如：一旋转体齿轮数 $z=48$，测得频率计读数 $f=120\mathrm{Hz}$，求该齿轮的转速 n，则有

$$n = 60\frac{f}{z} = 60 \times \frac{120}{48} = 150(\mathrm{r/min})$$

图 5-20 电感式接近开关测转速

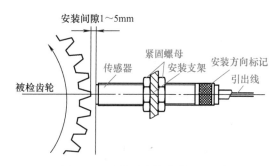

图 5-21 齿轮测速传感器原理示意图

3. 电感式接近开关探伤

检查金属表面裂纹、热处理裂纹、焊接处的质量探伤等，统称为探伤。探伤时传感器与被测导体保持距离不变，由于裂纹出现，将引起导体电阻率、磁导率变化，也可以说是裂纹处位移变化，即电涡流损耗改变，从而引起输出电压变化，如图 5-22 所示。

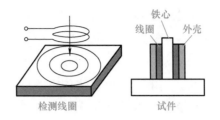

图 5-22　探伤原理图

案例分析

电感式接近开关在安检中的应用

　　安检门是一种检测人员有无携带金属物品的探测装置，又称金属探测门，如图 5-23 所示。安检门的内部设置有发射线圈和接收线圈。当有金属物体通过时，交变磁场就会在该金属导体表面产生电涡流，并在接收线圈中感应出电压，计算机根据感应电压的大小、相位来判定金属物体的大小。在安检门的侧面还安装有一台软 X 光扫描仪，它对人体、胶卷无害，用软件处理的方法，可合成完整的光学图像。

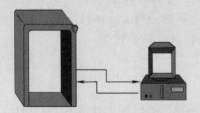

图 5-23　安检门

　　安检门主要应用在机场、车站、大型会议等人流较大的公共场所，用来检查人身体上隐藏的金属物品，如枪支、管制刀具等。

 思考与练习

一、填空题

1.导体内产生的呈漩涡状流动的感应电流，称为_____。

2.电感式接近开关可分为_____和_____两大类。

3.电感式接近开关由_____、_____及_____三大部分组成。

4.在二线制接法中，分_____、_____两种类型。

二、判断题

1.电涡流穿透深度与激励电流频率有关。　　　　　　　　　　　　　　　（　　）

2.调频法是以 LC 振荡回路的频率作为输出量。　　　　　　　　　　　（　　）

3.电涡流传感器是电磁炉的核心器件之一。　　　　　　　　　　　　　（　　）

三、简答题

1. 电感式接近开关的工作原理是什么？
2. 电感式接近开关的接线方法是什么？

任务三　磁性开关及应用

任务目标

知识目标：

1. 掌握霍尔式接近开关和干簧管的工作原理。
2. 了解霍尔式接近开关和干簧管的结构。
3. 了解霍尔式接近开关和干簧管的应用。

能力目标：

1. 学会霍尔式接近开关和干簧管的外部接线方法。
2. 学会霍尔式接近开关和干簧管的安装。

素养目标：

1. 培养多角度分析问题和解决问题的能力。
2. 鼓励学生积极通过实际生产、生活中的实例达到学习知识技能的目的。

任务引入

现在，很多人都把骑自行车作为一项锻炼身体的运动项目，如果在自行车上加装一个速度里程表，就可以知道自己骑车的速度和里程，从而很好地控制运动量。图 5-24 为一套自行车速度里程表，当转动自行车车轮时，观察速度表中速度、里程数及平均速度的变化，并将结果填入表 5-1。自行车速度里程表是如何工作的？带着这个问题，本任务学习一种接近开关——磁性开关。

图 5-24　自行车速度里程表

表 5-1　自行车速度里程表观察数据

实验次数	1	2	3	4	5
速度					
里程					
平均速度					

霍尔式接近
开关原理讲解

霍尔式接近
开关实验演示

一、霍尔式接近开关的特性及工作原理

1. 霍尔效应

霍尔效应是一种磁电效应,是霍尔于 1879 年在研究金属的导电机构时发现的一种现象。把半导体薄片置于磁场中,磁场方向垂直于薄片,如图 5-25 所示。当有电流 I 流过薄片时,在垂直于电流和磁场的方向上将产生电动势,这种现象称为霍尔效应,该电动势称为霍尔电动势。

2. 霍尔元件

由于导体的霍尔效应很弱,霍尔元件都用半导体材料制作。霍尔元件是一种四端型器件,主要由霍尔片、4 根引线、外壳组成。其中,两根红色引线为控制电流端,两根绿色引线为霍尔电动势输出端。霍尔元件的壳体一般用非导磁性金属、陶瓷、塑料或环氧树脂封装。图 5-26 为霍尔元件及其图形符号。

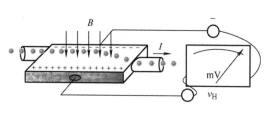

图 5-25　霍尔效应原理图

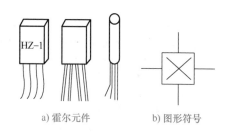

a) 霍尔元件　　　b) 图形符号

图 5-26　霍尔元件及其图形符号

3. 霍尔集成电路

随着微电子技术的发展,目前霍尔器件多已集成化,形成霍尔集成电路,又称霍尔 IC,具有体积小、灵敏度高、输出幅度大、温漂小、对电源稳定性要求低等优点。

霍尔集成电路可分为线性型和开关型两大类。前者是将霍尔元件和恒流源、线性差动放大器等做在同一个芯片上,输出电压为伏级,比直接使用霍尔元件方便得多。后者是将霍尔元件、稳压电路、放大器、施密特触发器、OC 门(集电极开路输出门)等电路做在同一个芯片上。当外加磁场强度超过规定的工作点时,OC 门由高阻态变为导通状态,输出变为低电平;当外加磁场强度低于释放点时,OC 门重新变为高阻态,输出高电平。较典型的霍尔器件有 UGN 系列,如图 5-27 所示。

二、干簧管接近开关的特性及工作原理

干簧管也称舌簧管或磁簧开关,如图 5-28 所示,是一种磁敏特殊开关,是干簧继电器和干簧接近开关的主要部件。干簧管于 1936 年由贝尔电话实验室的沃尔特·埃尔伍德发明。

图 5-27　UGN 系列霍尔器件

图 5-28　干簧管

干簧管接近开
关原理讲解

1. 干簧管的工作原理及结构

干簧管同霍尔元件相似，但工作原理不同。干簧管是利用磁场信号来实现控制的一种开关元件，无磁断开，可以用来检测电路或机械运动的状态。图 5-29 为干簧管的结构示意图。

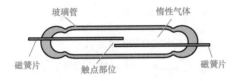

图 5-29　干簧管的结构示意图

干簧管接近开
关实验演示

干簧管外壳一般是一根密封的玻璃管，管中装有两个铁质的弹性磁簧片，还灌有一种金属铑的惰性气体。平时，玻璃管中的两个磁簧片是分开的。当有磁性物质靠近玻璃管时，在磁场磁力线的作用下，管内的两个磁簧片被磁化而互相吸引接触，磁簧片就会吸合在一起，使触点所接的电路连通。外磁力消失后，两个磁簧片由于本身的弹性而分开，从而断开电路。

干簧管的信号距离一般是 10mm 接通，它在手机、程控交换机、复印机、洗衣机、电冰箱、照相机、消毒碗柜、门磁、窗磁、电磁继电器、电子衡器、液位计、煤气表、水表中都得到了很好的应用。

2. 干簧管的分类

在生活中，干簧管可以作为传感器用于计数、限位等。如自行车里程表；把干簧管装在门上，可作为开门时报警用；还可用于其他传感器及电子器件，如液位计、门磁、干簧管继电器等。所以，干簧管的分类也形式多样。

（1）按驱动方式分类

按驱动方式，干簧管主要分为励磁线圈式（也称干簧管继电器）和永磁式两种。前者主要是利用励磁线圈得电产生磁性驱动干簧管动作；后者是直接利用永磁特性驱动干簧管。图 5-30 为干簧管继电器。

（2）按触点类型分类

按触点类型，干簧管主要分为中心型和偏置型。中心型只有一对常开触点（见图 5-29）；偏置型有两对触点，其中一边为公共端，另一边有两个触点，一个为常开一个为常闭，如图 5-31 所示。

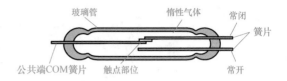

图 5-30 干簧管继电器   图 5-31 偏置型干簧管的结构

三、磁性开关的应用

磁性开关在生活生产中应用非常广泛，其中霍尔式传感器是一种基于霍尔效应的传感器。它结构简单，体积小，质量轻，频带宽，动态特性好，使用寿命长，最大的特点是非接触测量。由于霍尔式元件的基片是半导体材料，因而对温度的变化很敏感。在使用时，要注意温度补偿的问题。

📊 案例分析

磁性开关的实际应用

传统的汽车发动机点火装置采用机械式分电器，它由分电器转轴凸轮来控制合金触点的闭、合，存在着易磨损、点火时间不准确、触点易烧坏、高速时动力不足等缺点。采用霍尔式无触点电子点火装置能较好地克服上述缺点，图 5-32 是某汽车霍尔式分电器结构及工作原理示意图。

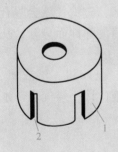

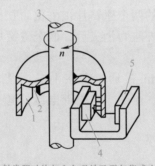

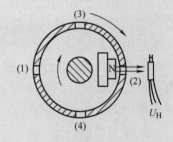

a) 带缺口的触发器叶片   b) 触发器叶片与永久磁铁及霍尔集成电路   c) 叶片位置与点火正时的关系
                          之间的安装关系

图 5-32 某汽车霍尔式分电器结构及工作原理示意图

1—触发器叶片 2—槽口 3—分电器转轴（与触发器叶片固定在一起） 4—永久磁铁 5—霍尔集成电路（霍尔 IC）

霍尔式无触点电子点火装置安装在分电器壳体中。它由分电器转子（又称触发器叶片，见图 5-32a）、铝镍钴合金永久磁铁、霍尔 IC 及达林顿晶体管功率开关等组成。由导磁性良好的软铁磁材料制作的触发器叶片固定在分电器转轴上，并随之转动。在叶片圆周上按气缸数目开出相应的槽口。叶片在永久磁铁和霍尔 IC 之间的缝隙中旋转，起屏蔽磁场和导通磁场的作用。

当叶片遮挡在霍尔 IC 前面时，永久磁铁产生的磁力线被导磁性良好的叶片分流，无法到达霍尔IC，这种现象称为磁屏蔽，如图5-32b所示。此时霍尔IC的输出 U_H 为低电平（PNP型），由达林顿晶体管组成的晶体管功率开关处于导通状态（图中未画出延时触发电路及功率开关的驱动电路），点火线圈低压侧有较大电流通过，并以磁场能量的形式储存在点火线圈的铁心中。

当叶片槽口转到霍尔IC前面时，磁力线无阻挡地穿过槽口气隙到达霍尔IC，如图5-32c所示。霍尔IC输出 U_H 跳变为高电平，使达林顿晶体管截止，切断点火线圈的低压侧电流。由于没有续流元件，所以存储在点火线圈铁心中的磁场能量在高压侧感应出30～50kV的高电压。

高电压通过分电器中的分火头（与分电器同轴）按气缸的顺序，使对应的火花塞放电，点燃气缸中的汽油－空气混合气体。叶片旋转一圈，对4气缸而言，产生4个霍尔输出脉冲，依次点火4次。由于点火时刻可以由槽口的位置来准确控制，所以可根据车速准确地产生点火信号（适当地提前一个旋转角度），达到点火正时的目的。

思考与练习

一、填空题

1. 在很小的矩形_____薄片上，制作4个电极就成为一个霍尔元件。
2. 霍尔元件的壳体一般用_____、_____、_____或环氧树脂封装。
3. 线性型霍尔集成电路将_____、_____、_____等做在同一个芯片上，输出电压为伏级，比直接使用霍尔元件方便得多。
4. 干簧管外壳一般是一根密封的_____，管中装有两个铁质的_____，还灌有一种_____惰性气体。

二、判断题

1. 霍尔式接近开关能用于对非磁性物体的检测。 （ ）
2. 霍尔式接近开关只能检测磁性物体。 （ ）
3. 霍尔式接近开关最大的特点是非接触测量。 （ ）
4. 在霍尔式接近开关的应用中，磁场方向与霍尔电动势的方向总是相同。 （ ）

三、简答题

1. 什么是霍尔效应？
2. 霍尔元件有哪些分类？使用时分别应注意什么？
3. 简述干簧管的结构及其工作原理。

任务四　电容式接近开关及应用

任务目标

知识目标：

1. 掌握电容式接近开关的工作原理。

2. 了解电容式接近开关的结构和特点。

3. 了解电容式接近开关的实际应用。

能力目标：

1. 学会电容式接近开关的外部接线方法。

2. 学会识别电容式接近开关。

素养目标：

1. 培养学生独立思考和全面分析问题的能力。

2. 提升学生举一反三的能力。

任务引入

汽车已成为现代生活中不可缺少的交通工具。在汽车仪表盘上，指示油箱液位的指针会随着油料的多少而转动，那么汽车油箱液位计是如何工作的呢？带着这个问题，本任务学习一种接近开关——电容式接近开关，如图 5-33 所示。

图 5-33　电容式接近开关

知识解析

一、认识电容式传感器

1. 电容式传感器

电容式接近
开关原理讲解

电容式传感器是将被测量的变化转换为电容量变化的一种装置，它本身就是一种可变电容器。由于这种传感器具有结构简单、体积小、动态响应好、灵敏度高、分辨率高、能实现非接触测量等特点，因而被广泛应用于位移、加速度、振动、压力、压差、液位、等分含量等检测领域。

2. 电容式传感器的工作原理

电容式接近
开关实验演示

由绝缘介质分开的两个平行金属板组成的平板电容器如图 5-34 所示。如果不考虑边缘效应，其电容量为

$$C = \frac{\varepsilon A}{d}$$

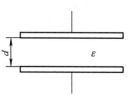

图 5-34　平板电容器

式中，ε 为电容极板间介质的介电常数，$\varepsilon=\varepsilon_0\varepsilon_r$，其中 ε_0 为真空介电常数，ε_r 为极板间介质相对介电常数；A 为两平行板所覆盖的面积；d 为两平行板之间的距离。

当被测参数变化使得上式中的 A、d 或 ε 发生变化时，电容量 C 也随之变化。如果保持其中两个参数不变，而仅改变其中一个参数，即可把该参数的变化转换为电容量的变化，通过测量电路就可转换为电量输出。因此，电容式传感器可分为极距变化型、面积变化型、介质变化型三类。电容式接近开关就是利用电容式传感器原理设计的。

二、电容式接近开关的工作原理及结构

1. 工作原理

电容式接近开关是一个以电极为检测端的静电电容式传感器，它由高频振荡电路、检测电路、放大电路、整形电路及输出电路等部分组成，如图 5-35 所示。

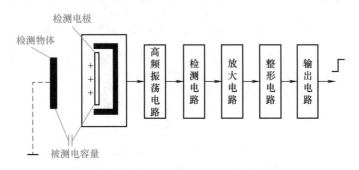

图 5-35 电容式接近开关工作原理图

电容式接近开关的工作原理就是当电源接通时，RC 振荡器不振荡，当一目标朝着电容器的电极靠近时，电容器的电容量增加，振荡器开始振荡。通过后级电路处理，将停振和振荡两种信号转换成开关信号。电容式接近开关的感应面由两个同轴金属电极构成，很像"打开的"电容器电极，这两个电极构成一个电容，串接在 RC 振荡回路内，从而起到了检测有无物体存在的目的。电容式接近开关能检测金属物体，也能检测非金属物体，对金属物体可以获得最大的动作距离，对非金属物体的动作距离取决于材料的介电常数，材料的介电常数越大，可获得的动作距离越大。

2. 结构

电容式接近开关的形状及结构随用途的不同而各异。图 5-36 为应用较多的圆柱形电

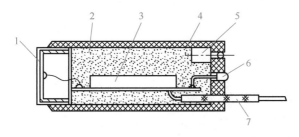

图 5-36 圆柱形电容式接近开关的结构

1—检测电极　2—树脂　3—检测电路　4—外壳　5—电位器　6—工作指示灯　7—引线

容式接近开关的结构，它主要由检测电极、检测电路、引线及外壳等组成。检测电极设置在传感器的最前端，检测电路装在外壳内并由树脂灌封。在传感器的内部还装有灵敏度调节器，使用时可依据不同环境和需要进行调节。

三、电容式接近开关的应用

电容式接近开关不仅能检测金属，而且也能对非金属物质如塑料、玻璃、水、油等物质进行相应的检测。在检测非金属物体时，相应的检测距离因受检测体的电导率、介电常数、体积吸水率等参数影响会有所不同，对接地的金属导体有最大的检测距离。在实际应用中，电容式接近开关主要用于检测非金属物质。

案例分析

电容式接近开关的实际应用

电容式接近开关可用于齿轮转速的测量。在齿轮状物（如齿轮）旁边安装一个电容式接近开关，构成电容式转速计，如图 5-37 所示。

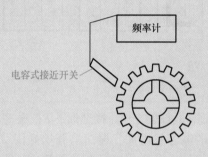

图 5-37　电容式转速计

当转轴转动时，电容式接近开关周期性地检测到齿轮的齿端端面，就能输出周期性的变化信号。该信号经放大、变换后，可以用频率计测出其变化频率，从而测出转轴的转速。若转轴上开有 z 个槽，频率计读数为 f，则转轴的转速 n 为

$$n = \frac{60f}{z}$$

思考与练习

一、填空题

1. 按工作原理的不同，电容式传感器可分为_____、_____和_____三种类型。
2. 电容式接近开关由_____、_____、_____及_____等部分组成。
3. 电容式接近开关主要由_____、_____、引线及外壳等组成。
4. 电容式传感器本身就是一种可变_____。

二、判断题

1.电容式接近开关不能用于对非金属的检测。　　　　　　　　　　　（　　　）

2.电容式接近开关不仅能检测金属，而且也能对非金属物质，如塑料、玻璃、水、油等物质进行相应的检测。　　　　　　　　　　　　　　　　　　　　　（　　　）

3.电容式传感器是将被测量的变化转换为电压量变化的一种装置。　（　　　）

4.电容式接近开关检测金属物体可以获得最大的动作距离。　　　　（　　　）

三、简答题

1.简述电容式传感器的工作原理。

2.简述电容式接近开关的工作原理及其优点。

任务五　光电接近开关及应用

任务目标

知识目标：

1.掌握光电接近开关的工作原理。

2.了解光电器件的结构和特点。

3.了解光电接近开关的类型。

能力目标：

1.学会光电接近开关的外部接线方法。

2.学会识别各类光电接近开关。

素养目标：

1.培养多角度分析问题和解决问题的能力。

2.鼓励学生积极通过实际生产、生活中的实例达到学习知识技能的目的。

任务引入

在生活中经常会遇到，当有人进入店铺时，店铺门口的迎宾器会发出"欢迎光临"的声音。图5-38就是一套"欢迎光临"套件。当有物体掠过迎宾器时，迎宾器就会发出"欢迎光临"的声音。那么迎宾器是如何工作的呢？本任务学习一种接近开关——光电接近开关。

图5-38　"欢迎光临"套件

知识解析

一、认识光电器件

1.光电效应

根据能量守恒原理，当用光照射某一物体时，可以看作是一连串具有能量的光子轰击在这个物体上，此时光子能量就传递给电子，电子得到光子传递的能量后其状态就会发生变化，从而使受光照射的物体产生相应的电效应，这种物理现象称为光电效应。光电效应通常分为外光电效应和内光电效应两大类。

（1）外光电效应

光照在光电材料上，材料表面的电子吸收能量，若电子吸收的能量足够大，电子就会克服束缚逸出表面，从而改变光电子材料的导电性，这种现象称为外光电效应。基于外光电效应原理工作的光电器件有光电管和光电倍增管。

（2）内光电效应

内光电效应是指入射的光强改变物质电导率的物理现象，也称光电导效应。大多数光电传感器，如光敏电阻、光电二极管、光电晶体管、硅光电池等都属于内光电效应类传感器。

2. 光电器件

光电器件是将光能转换为电能的一种传感器件，它是光电传感器的主要部件。光电器件工作的基础是光电效应。

（1）光电管与光电倍增管

光电管是基于外光电效应的基本光电转换器件，如图 5-39 所示。光电管分为真空光电管和充气光电管两种。光电管的典型结构是将球形玻璃壳抽成真空，在内半球面上涂一层光电材料作为阴极，球心放置小球形或小环形金属作为阳极，如图 5-40 所示。若球内充低压惰性气体就成为充气光电管。光电子在飞向阳极的过程中与气体分子碰撞而使气体电离，可增加光电管的灵敏度。

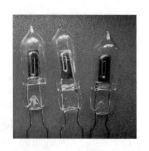

图 5-39　光电管

图 5-40　光电管的结构

光电倍增管是将微弱光信号转换成电信号的真空电子器件，如图 5-41 所示。光电倍增管用于光学测量仪器和光谱分析仪器中。它能在低能级光度学和光谱学方面测量波长 $200 \sim 1200nm$ 的极微弱辐射功率。生活中电视、电影的发射和图像传送就离不开光电倍增管。光电倍增管广泛应用在冶金、电子、机械、化工、地质、医疗、核工业、天文和宇宙空间科学等领域。

（2）光敏电阻

光敏电阻又称光导管，如图 5-42 所示，常用的制作材料为硫化镉，另外还有硒、硫化铝、硫化铅和硫化铋等。这些制作材料具有在特定波长的光照射下，其阻值迅速减小的特性。这是由于光照产生的载流子都参与导电，从而使光敏电阻的阻值迅速下降。

图 5-41 光电倍增管

图 5-42 光敏电阻

（3）光电二极管

光电二极管如图 5-43 所示。光电二极管与半导体二极管在结构上类似，其管芯是一个具有光敏特征的 PN 结，具有单向导电性，因此工作时需加上反向电压。无光照时，有很小的饱和反向漏电流，即暗电流，此时光电二极管截止。当受到光照时，饱和反向漏电流大大增加，形成光电流，它随入射光强度的变化而变化。当光线照射 PN 结时，可以使 PN 结中产生电子 – 空穴对，使少数载流子的密度增加。这些载流子在反向电压下漂移，使反向电流增加。因此，可以利用光照强弱来改变电路中的电流。

图 5-43 光电二极管

（4）光电晶体管

光电晶体管和普通晶体管相似，如图 5-44 所示，也有电流放大作用，只是它的集电极电流不只是受基极电路和电流控制，同时也受光辐射的控制。通常基极不引出，但有些光电晶体管的基极有引出，用于温度补偿和附加控制等。当具有光敏特性的 PN 结受到光辐射时，形成光电流，由此产生的光电流由基极进入发射极，从而在集电极回路中得到一个放大了相当于 β 倍的信号电流。不同材料制成的光电晶体管具有不同的光谱特性，与光电二极管相比，具有很大的光电流放大作用，即很高的灵敏度。

（5）光电耦合器

光电耦合器（简称光耦）如图 5-45 所示，主要由发光源、信号放大和受光器三部分构成。其中，发光源一般为发光二极管，信号放大部分一般为半导体光电器件，受光器一般为光敏器件（光电二极管、光电晶体管等）。发光源部分用直流、交流或脉冲电源驱动，发光二极管外加正向电压条件下，将电能转换为光能从而发生发光现象；在信号放大

图 5-44 光电晶体管

图 5-45 光电耦合器

部分，半导体光电器件将信号放大用于受光器；在受光器部分，光敏器件利用 PN 结施加反向电压、光照下反向电阻由大变小的原理来进行光能到电能的转换，出现光灭现象。因此，经过发光源、信号放大、受光器三部分后，光电耦合器完成电 – 光 – 电的转换。光电耦合器具有体积小、寿命长、抗干扰性强、无触点等许多优点，现已广泛应用于组合开关电路、组合逻辑电路、门厅照明灯自动控制电路等多种电路中。

二、光电接近开关的工作原理及分类

光电接近开
关原理讲解

1. 光电接近开关的工作原理

光电接近开关简称光电开关（光电传感器），它是利用被检测物体对光束的遮挡或反射，由同步回路选通电路来检测物体有无的。物体不限于金属，所有能反射光线的物体均可被检测。光电开关将输入电流在发射器上转换为光信号射出，接收器再根据接收到的光线的强弱或有无对目标物体进行探测。

光电接近开
关实验演示

2. 光电开关的分类

根据光电开关工作原理的不同，大致可以将光电开关分成以下几种。

（1）对射型光电开关

对射型光电开关由发射器和接收器组成，结构上两者相互分离，在光束被中断的情况下会产生一个开关信号变化。典型的安装方式是位于同一轴线上的光电开关可以相互分开达 50m，如图 5-46 所示。

图 5-46　对射型光电开关

对射型光电开关的特点：辨别不透明的反光物体；因为光束跨越感应距离的时间仅一次；有效距离大，不易受干扰，适合用于野外或者有灰尘的环境中；装置的消耗高，两个单元都必须敷设电缆。

（2）漫反射型光电开关

当开关发射光束时，目标产生漫反射，发射器和接收器构成单个的标准部件，当有足够的组合光返回接收器时，开关状态发生变化，作用距离的典型值可达 3m。

漫反射型光电开关的特点：有效作用距离由目标的反射能力、目标表面性质和颜色决定；较小的装配支出，当开关由单个元件组成时，通常可以达到粗定位；采用背景抑制功能调节测量距离；对目标上的灰尘敏感；对目标变化了的反射性能敏感，如图 5-47 所示。

（3）镜面反射型光电开关

标准配置的镜面反射型光电开关由发射器和接收器构成。从发射器发出的光束被对面的反射镜反射，即返回接收器，当光束被中断时会产生一个开关信号的变化。光的通过时间是信号持续时间的 2 倍，有效作用距离为 0.1 ～ 20m。

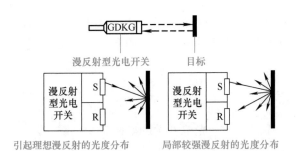

图 5-47 漫反射型光电开关

镜面反射型光电开关的特点：辨别不透明的物体；借助反射镜部件，形成高的有效距离范围；不易受干扰，适用于野外或者有灰尘的环境中，如图 5-48 所示。

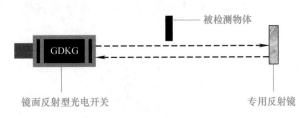

图 5-48 镜面反射型光电开关

（4）槽式光电开关

槽式光电开关通常是标准的 U 形结构，其发射器和接收器分别位于 U 形槽的两边，并形成一个光轴。当被检测物体经过 U 形槽且阻断光轴时，光电开关就产生能被检测到的开关量信号。槽式光电开关比较适合检测高速变化的物体，以及分辨透明与半透明物体，如图 5-49 所示。

（5）光纤式光电开关

光纤式光电开关采用塑料或玻璃光纤传感器来引导光线，以实现被检测物体不在相近区域的检测。通常光纤传感器分为对射式和漫反射式，如图 5-50 所示。

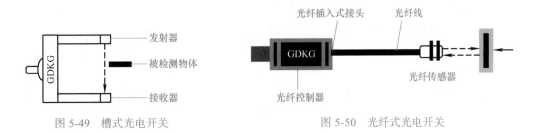

图 5-49 槽式光电开关　　　　　　图 5-50 光纤式光电开关

三、光电开关的应用

光电传感器是以光电器件作为转换元件的传感器。它可用于检测直接引起光量变化的非电物理量，如光强、光照度、辐射测温、气体成分分析等；也可用来检测能转换成光量变化的其他非电量，如零件直径、表面粗糙度、应变、位移、振动、速度、加速度，以及物体的形状、工作状态的识别等。光电传感器具有非接触、响应快、性能可靠等特点，因此在工业自动化装置和机器人中获得广泛应用。新的光电器件不断涌现，特别是 CCD 图像传感器的诞生，为光电传感器的进一步应用开创了新的一页。

案例分析

光电开关的实际应用

图 5-51 为条形码扫描枪。当扫描枪头在条形码上移动时，若遇到黑色线条，发光二极管的光线将被黑线吸收，光电晶体管接收不到反射光，呈高阻抗，处于截止状态；当遇到白色间隔时，发光二极管所发出的光线被反射到光电晶体管的基极，光电晶体管产生光电流而导通。整个条形码被扫描过之后，光电晶体管将条形码变形成一个个电脉冲信号，该信号经放大、整形后便形成脉冲列，再经计算机处理，完成对条形码信息的识别。

图 5-51　条形码扫描枪

思考与练习

一、填空题

1. 光照在光电材料上，材料表面的电子吸收能量，若电子吸收的能量足够大，电子就会克服束缚逸出表面，从而改变光电子材料的导电性，这种现象称为_____。

2. _____、_____、_____等都属于内光电效应类传感器。

3. 光电器件是将_____转换为_____的一种传感器件。

4. 光电开关利用被检测物体对光束的_____，由同步回路选通电路来检测物体有无。

二、判断题

1. 基于外光电效应原理工作的光电器件有光伏电池板。　　　　　　　　　（　　）

2. 光敏电阻又称光导管，其特性是在特定波长的光照射下，其阻值迅速增加。（　　）

3. 光电开关能在各类恶劣环境下可靠地工作。　　　　　　　　　　　　　（　　）

4. 光电二极管的结构与半导体二极管类似，其管芯是一个具有光敏特征的 PN 结，具有单向导电性，因此工作时需加上反向电压。　　　　　　　　　　　　　　　（　　）

三、简答题

1. 什么是光电效应？
2. 光电开关有哪些分类？各有什么特点？
3. 简述光电开关的工作原理。

任务六　雷达接近开关及应用

任务目标

知识目标：

1. 掌握雷达接近开关的工作原理。
2. 了解雷达接近开关的结构和特点。
3. 了解雷达接近开关的实际应用。

能力目标：

1. 学会雷达接近开关的外部接线方法。
2. 学会识别雷达接近开关。

素养目标：

1. 培养学生独立思考和全面分析问题的能力。
2. 提升学生举一反三的能力。

任务引入

日常生活中，当有物体在自动开关门或者感应灯前移动时，门就会自动打开或者灯会自动开启，当物体不移动时自动门或者感应灯恢复初始状态。图 5-52 是一个智能门禁道闸，当人走近门闸时门会自动打开，如果人站在门闸旁不动，门闸不会打开。那么智能门禁道闸是如何工作的呢？本任务学习一种接近开关——雷达接近开关。

图 5-52　智能门禁道闸

知识解析

一、多普勒效应

1. 多普勒效应

多普勒效应是指物体辐射的波长因为波源和观测者的相对运动而产生变化，在运动的波源前面，波被压缩，波长变得较短，频率变得较高；在运动的波源后面，产生相反的效应，波长变得较长，频率变得较低。波源的速度越高，所产生的效应越大，根据不同波长移动的程度，可以计算出波源循着观测方向运动的速度，这种现象称为多普勒效应。

2. 多普勒效应的应用

多普勒效应在日常生活中是可以感觉到的，如火车鸣笛，从远到近时，人的耳朵感受到的笛声是尖的，火车经过之后，由近而远离去时，则笛声由尖变粗。这是因为火车笛声具有某个频率，当朝向人来或背离人去时，火车与人之间相对运动，发生了频率的移动（频移）现象。多普勒效应不仅仅适用于声波，也适应用于其他波动，如光波、电磁波。

（1）多普勒效应在医学上的应用

心脏彩色多普勒的应用：朝向人来时，频率增高，音调变尖；背离人去时，频率降低，音调变粗。这种频移现象就是多普勒效应造成的。心脏彩色多普勒正是基于这种原理，集所有超声诊断功能于一体，把心脏血流描绘得惟妙惟肖，成为目前世界上最先进的超声诊断设备。

（2）多普勒效应在农业中的应用

植物声频控制技术建立在植物经络系统的理论基础上，利用 He-Ne 激光多普勒效应测振仪，精确地测定植物自发声和接收声的频率，并测定植物自发声频率与环境因子，如温度、湿度及组织含水量之间的关系，基于频谱分析，进而研制了植物声频发生器。

利用植物声频发生器对植物施加特定频率的声波，与植物发生共振，促进各种营养元素的吸收、传输和转化，从而增强植物的光合作用和吸收能力，促进植物生长发育，达到增产、增收、优质、抗病的目的。

二、雷达接近开关的工作原理和接线方法

1. 工作原理

雷达接近开关也称微波雷达感应开关，如图 5-53 所示。它是利用多普勒效应原理设计的移动物体探测器。它以非接触方式探测物体的位置是否发生移动，继而产生相应的开关操作。

微波雷达感应开关利用平面天线发射接收电路，智能检测周围电磁环境，自动调整工作状态，内置集成滤波电路，可有效抑制高次谐波和其他杂波的干扰，灵敏度高、可靠性

高、安全方便、智能节能，是一种新型实用的节能产品。微波感应开关可穿透部分非金属物感应，特别适用于隐藏安装在灯具内部，再加上微功耗、感应灵敏等优点，应用范围广泛，可以搭配各类普通灯具，使之成为微波感应灯具。

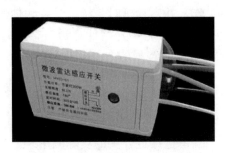

图 5-53　雷达接近开关

2.接线方法

图 5-54 为雷达接近开关的一种接线方式，其中输入端一般接入 220V 交流电，输出端一般接入节能灯、指示灯或其他输出设备。

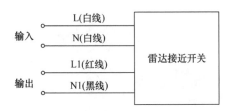

图 5-54　雷达接近开关接线示意图

3.雷达接近开关的优点

1）感应灵敏。雷达接近开关能准确鉴别生物体与非生物体的运动，使误动作率降到最低。

2）抗干扰性强。雷达接近开关受外界自然因素影响小，性能稳定可靠。

3）安全实用。雷达接近开关产品内部使用过零通断技术，无触点开关，不产生火花，不干扰其他电器，自身功耗小，本身使用寿命长且能延长负载使用寿命。

4）自动测光。雷达接近开关能自动识别环境光线的强弱，达到照明需求设定且在有人的情况下亮灯，否则不亮。

5）全自动感应。雷达接近开关感应到人后自动开灯，人在灯亮、人走灯灭，安全节电，不受声、物等外界因素的干扰。

6）自动随机延时。当人在感应范围活动时，开关始终接通，直到人离开后才自动关闭。

三、雷达接近开关的应用

微波雷达感应开关是利用多普勒效应原理设计的移动物体探测器，具有较强的抗射频干扰能力，不受温度、湿度、光线、气流、尘埃等影响，可以安装在一定厚度的塑料、玻璃、木制等非金属的外壳里面，而对其探测功能技术没有影响，能够非常方便地用于设备控制、环境辅助光源控制、地下停车场、通道照明等各种领域。

微波雷达感应开关的工作过程是当有人走进感应区内，并且达到照明需求时，感应开关自动开启，负载电器开始工作，并启动延时系统，只要人体未离开感应区，负载电器将持续工作。当人体离开感应区后，感应器开始计算延时，延时结束，感应器开关自动关闭，负载电器停止工作。真正做到安全、方便、智能、节能。

案例分析

雷达接近开关的实际应用

自动门感应器是属于控制感应器类的传感器产品，它通过微波、红外感应实现了门开关的自动化，如图 5-55 所示，主要用于自动门、旋转门等。自动门感应器对物体的移动进行反应，因而反应速度快，适用于行走速度正常的人员通过的场所，它的特点是一旦在门附近的人员不想出门而静止不动，雷达便不再反应，自动门就会关闭，避免可能出现的夹人现象。

图 5-55　自动门感应器

自动门感应器探测到有人进入时，将脉冲信号传给主控器，主控器判断后通知电动机运行，同时监控电动机转数，以便通知电动机在一定时候加力和进入慢行运行。电动机得到一定运行电流后做正向运行，将动力传给同步带，再由同步带将动力传给吊具系统使门扇开启；门扇开启后由控制器做出判断，如需关门，通知电动机做反向运动，关闭门扇。

思考与练习

一、填空题

1.依据多普勒效应，在运动的波源前面，波被压缩，波长变得_____，频率变得_____；在运动的波源后面，产生相反的效应，波长变得_____，频率变得_____。波源的速度越高，所产生的效应越大。

2.日常生活中可以感觉到的，如火车鸣笛，从远到近时，人的耳朵感受到的笛声是尖的，火车经过之后由近而远离去时，则笛声由尖变粗。这种现象称为_____效应。

3.雷达接近开关也称为_____。它是利用_____原理设计的移动物体探测器。

4.多普勒效应不仅仅适用于_____，其他波动如光波、电磁波也是适用的。

二、判断题

1.雷达接近开关以非接触方式探测物体的位置是否发生移动，继而进行控制。(　　)

2.微波雷达感应开关可穿透任何物质进行感应。(　　)

3.生活中，心脏彩色多普勒利用了多普勒效应。(　　)

4.多普勒效应仅仅适用于声波，其他波动如光波、电磁波是不适用的。(　　)

三、简答题

1.什么是多普勒效应？

2.简述雷达接近开关的工作原理及优点。

3.举例说明多普勒效应的实际应用。

项目六 湿度与气体成分测量

 项目描述

　　湿度和气体成分等环境量的检测，也是工业生产和日常生活中非常有用的一类技术。湿度和环境量的检测技术是应用最广泛的技术之一。本项目介绍常用的湿度和环境量的检测元件，通过认识湿度和环境量的测控装置，学习和了解工业生产中湿度和环境量的检测方法。

 项目目标

　　通过本项目学习，学会识别一般湿度和环境量的检测元件，掌握选择测量湿度和环境量元件的基本原则，了解常用的测量湿度和环境量元件的基本构成，熟知气敏传感器和湿敏传感器的基本特征与工作原理，学习湿度和气体测控在相关领域的应用。

任务一　湿度传感器及应用

 任务目标

知识目标：

1. 了解湿度的概念及检测方法。

2. 了解湿度传感器的工作原理及分类。

3. 掌握湿度传感器的实际应用。

能力目标：

1. 能识别各种湿度传感器。

2. 能利用湿度传感器检测湿度。

素养目标：

1. 培养仔细观察、做好记录的习惯，掌握科学的学习方法。

2.学会通过网络查阅资料，实现课堂学习举一反三，养成查阅资料的习惯。

3.培养独立思考的习惯和合作学习的精神。

任务引入

人类的社会活动跟湿度密切相关。本任务将学习湿度的检测方法——湿度传感器。图 6-1 为常见的湿度传感器。

　a) 湿度传感器　　b) 数字温湿度传感器　　c) 工业用湿度传感器　　d) 工业用温湿度传感器　　e) 温湿度传感器显示器

图 6-1　常见的湿度传感器

知识解析

一、湿度的概念与测量

湿度的测量及应用在日常生活中有着极其重要的作用，如计算机房、印刷车间、洁净室、手术室、实验室、气调库、半导体生产车间、博物馆、档案馆等都要考虑湿度的影响，从而需要对环境的湿度进行检测。

1. 湿度的概念

湿度是表示大气干燥程度的物理量。在一定的温度下和一定体积的空气里含有的水蒸气越少，则空气越干燥；水蒸气越多，则空气越潮湿。空气的干湿程度称为湿度。

湿度的三种基本形式为绝对湿度、相对湿度和露点。在此意义下，常用绝对湿度、相对湿度、比较湿度、混合比、饱和差以及露点等物理量来表示湿度；蒸汽的湿度是指在湿蒸汽中液态水分的质量占蒸汽总质量的百分比。

（1）绝对湿度

绝对湿度是指单位体积空气中所含水蒸气的质量，称为空气的绝对湿度。它是大气干湿程度物理量的一种表示方式。通常以 1m³ 空气内所含有的水蒸气的克数来表示绝对湿度。水蒸气的压强随着水蒸气的密度增加而增加，所以，空气的绝对湿度的大小也可以通过水蒸气的压强来表示。

（2）相对湿度

空气中实际所含水蒸气密度和同温度下饱和水蒸气密度的百分比，称为空气的相对湿度。空气的干湿程度和空气中所含有的水蒸气量接近饱和的程度有关，而和空气中含有水蒸气的绝对量无直接关系。例如，空气中所含有的水蒸气的压强同样等于1606.24Pa（12.79mmHg）时，在炎热的夏天中午，气温约35℃，人们并不感到潮湿，这是因为此时离水蒸气饱和气压还很远，物体中的水分还能够继续蒸发；而在较冷的秋天，大约15℃左右，人们却会感到潮湿，这是因为此时的水蒸气压强已经达到过饱和，水分不但不能蒸发，而且还要凝结成水，所以把空气中实际所含有的水蒸气的密度 ρ_1 与同温度时饱和水蒸气密度 ρ_2 的百分比 $\rho_1/\rho_2 \times 100\%$ 称为相对湿度。通常用%RH表示相对湿度，日常生活中所说的空气湿度，实际上就是指相对湿度。

（3）露点

在实际中，湿度越高的气体含水蒸气越多。若将气体冷却，即使其中所含水蒸气量不变，相对湿度将逐渐增加，增加到某一温度时，相对湿度达到100%，呈饱和状态，再冷却时，水蒸气的一部分凝结成露，把这个温度称为露点温度。即空气在气压不变时为了使其所含水蒸气达到饱和状态所必须冷却到的温度称为露点温度，如图6-2和图6-3所示。

图6-2　饱和状态

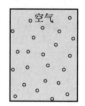

图6-3　不饱和状态

2. 湿度的测量方法

由于日常生活中所说的湿度一般都指相对湿度，所以在测量时，主要是测量相对湿度。常用测量湿度的方法有利用物质几何尺寸变化的测湿法（伸缩法）、干湿球法、冷凝露点法、氯化锂露点法、电阻电容法、电解法（库仑湿度计）、重量法以及其他测湿方法。

（1）伸缩法

物质在湿度发生变化时其长度也会随之变化，如当相对湿度从0%变到100%时，通常人类毛发的总长度会伸长2.5%。这一变化可以通过机械装置放大用指针指示出来，或通过机械–电量的转换，输出表征湿度水平的电信号，从而进行湿度的测量和控制，这种方法是伸缩法。

毛发湿度计是伸缩法测湿度的典型应用。它与其他湿度计相比，具有结构简单、使用方便、造价低廉的优点，从湿度测量的现状与要求来看，即使在科学技术高度发达的今天，毛发、肠衣之类的湿度传感器仍将继续为人们沿用，但也存在滞后和精度不高等固有的缺点。

（2）干湿球法

干湿球湿度计由两支规格完全相同的温度计组成，一支称为干球温度计，其温泡暴露在空气中，用以测量环境温度；另一支称为湿球温度计，其温泡用特制的纱布包裹起来，并设法使纱布保持湿润，纱布中的水分不断向周围空气中蒸发并带走热量，使湿球温度下降。水分蒸发速率与周围空气含水量有关，空气湿度越低，水分蒸发越快，导致湿球温度越低。可见，空气湿度与干湿球温差之间存在某种函数关系。干湿球湿度计就是利用这一原理，通过测量干球温度和湿球温度来确定空气湿度。

（3）冷凝露点法

冷凝露点法是一种古老的湿度测量方法。随着科学技术的发展，露点技术臻于完善。现代的光电露点仪采用热电制冷，可以自动补偿零点、连续跟踪测量露点。高精度露点仪在一般湿度范围的测量精度可达 ±1℃露点温度。

（4）氯化锂露点法

露点湿度计是通过测量露点温度而测定空气湿度的仪器。普通露点湿度计一般是由光学镜面、放大器和电源等组成。当空气连续通过光学镜面时，用人工制冷方法使镜面温度降低，于是空气中的水汽在镜面上凝结。刚发生凝结时，由镜面反射的光强急剧减弱，测量此瞬间凝结面的温度（即露点）便可推算出相应的湿度。这种形式的露点湿度计常在0℃以上时使用。氯化锂露点湿度计由美国的 Forboro 公司首先研制成功。这种湿度计和电阻式氯化锂湿度计形式相似，但工作原理却完全不同。简而言之，它是利用氯化锂饱和水溶液的饱和水汽压随温度变化而进行工作的。

二、湿度传感器的工作原理及分类

湿度传感器是能够感受外界湿度变化，并通过器件材料的物理或化学性质变化，将湿度转化成有用信号的器件。在精密仪器、半导体集成电路与元器件制造场所，以及气象预报、医疗卫生、食品加工等行业都有广泛的应用。

湿度传感器中能够感受外界湿度的部分称为湿敏元件，如图6-4所示。常见的湿敏元件主要有电阻式、电容式两大类。

1. 电阻式湿度传感器

电阻式湿度传感器的湿敏元件为湿敏电阻，其原理是在基片上覆盖一层感湿材料制成的膜，当空气中的水蒸气吸附在感湿膜上时，元件的电阻率和电阻值都将发生变化，利用这一特性即可测量湿度。湿敏电阻的种类很多，如金属氧化物湿敏电阻、硅湿敏电阻、陶瓷湿敏电阻等。湿敏电阻的优点是灵敏度高，主要缺点是线性度和产品的互换性差。图6-5为湿敏电阻。

图 6-4 湿敏元件

图 6-5 湿敏电阻

根据使用感湿材料的不同，电阻式湿度传感器可分为电解质式、陶瓷式、高分子式三种类型。

（1）电解质式（氯化锂）湿敏电阻

电解质是以离子形式导电的物质，分为固体电解质和液体电解质。若物质溶于水中，在极性水分子作用下，能全部或部分地离解为自由移动的正、负离子，称为液体电解质。电解质溶液的电导率与溶液的浓度有关，而溶液的浓度在一定的温度下又是环境相对湿度的函数。

氯化锂湿敏电阻是利用吸湿性盐类潮解，使得离子导电率发生变化而制成的测湿元件。它由引线、基片、感湿层与电极组成，如图 6-6 所示。

氯化锂湿敏电阻具有滞后量小、不受测试环境风速影响、检测精度高达 ±5% 的优点；缺点是耐热性差，不能用于露点温度以下测量，器件性能重复性不理想，使用寿命短。

（2）半导体陶瓷湿敏电阻

通常用两种以上的金属氧化物半导体材料混合烧结成为多孔陶瓷。这些材料有 $ZnO-LiO_2-V_2O_5$ 系、$Si-Na_2O-V_2O_5$ 系、$TiO_2-MgO-Cr_2O_3$ 系、Fe_3O_4 等，前三种材料的电阻率随湿度增加而下降，故称为负特性湿敏半导体陶瓷，最后一种材料的电阻率随湿度增加而增大，故称为正特性湿敏半导体陶瓷。图 6-7 为半导体陶瓷湿敏电阻的结构示意图。

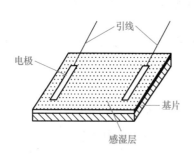

图 6-6　氯化锂湿敏电阻的结构

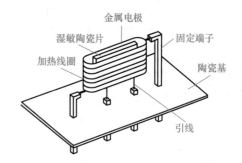

图 6-7　半导体陶瓷湿敏电阻结构示意图

半导体陶瓷湿敏电阻的特点是测湿范围宽，可实现全湿范围内的湿度测量；传感器表面与水蒸气的接触面积大，易于水蒸气的吸收与脱却；陶瓷烧结体能耐高温，物理、化学性质稳定，常温湿度传感器的工作温度在 150℃以下，而高温湿度传感器的工作温度可达 800℃；抗污染能力强，适合采用加热去污的方法恢复材料的湿敏特性；可以通过调整烧结体表面晶粒、晶粒界和细微气孔的构造，改善传感器湿敏特性；响应时间较短，精度高；工艺简单，成本低廉。所以，半导体陶瓷湿敏电阻在实际中应用非常广泛。

2. 电容式湿度传感器

电容式湿度传感器的感湿元件为湿敏电容。湿敏电容一般是用高分子薄膜电容制成的。当环境湿度发生改变时，湿敏电容的介电常数发生变化，使其电容量也发生变化，其电容变化量与相对湿度成正比。湿敏电容的主要优点是灵敏度高、产品互换性好、响应速度快、湿度的滞后量小，便于制造且容易实现小型化和集成化，其精度一般比湿敏电阻要低一些。图 6-8 为湿敏电容。

图 6-8　湿敏电容

根据使用感湿材料的不同，电容式湿敏传感器可分为陶瓷式和高分子式两种类型。

三、湿度传感器的应用

随着时代的发展，科研、农业、纺织、机房、航空航天、电力等工业部门都越来越多地采用湿度传感器，对产品质量、环境温湿度的控制以及对工业材料水分值的监测与分析都已成为比较普遍的技术条件之一。温度传感器的主要应用有以下几个方面。

1. 气候监测

天气监测和预报对工农业生产、军事及人民生活和科学实验等方面都有重要意义，因而湿度传感器是必不可少的测湿设备，如树脂膨散式湿度传感器已用于气象气球测湿仪器上。

2. 温室养殖

现代农林畜牧各产业都有相当数量的温室，温室的湿度控制与温度控制同样重要，把湿度控制在农作物、树木、畜禽等生长适宜的范围，是减少病虫害、提高产量的条件之一。

3. 工业生产

在纺织、电子、精密机器、陶瓷工业等部门，空气湿度直接影响产品的质量和产量，必须有效地进行监测调控。

4. 物品储藏

各种物品对环境均有一定的适应性。湿度过高或过低均会使物品丧失原有的性能。如在高湿度地区，电子产品在仓库的损坏严重，非金属零件会发霉变质，金属零件会腐蚀生锈。

5. 精密仪器的使用保护

许多精密仪器、设备对工作环境要求较高。环境湿度必须控制在一定范围内，以保证它们的正常工作，提高工作效率及可靠性。如交换机工作湿度在 $55\% \pm 10\%$ 较好。湿度过高会影响绝缘性能，过低则易产生静电，影响正常工作。

奥　案例分析

湿度传感器的应用

湿度传感器在纺织行业的应用：在相对湿度增大时，由于纤维吸湿后的分子间距离增大，故纤维的硬度和脆性随之降低，使纤维的柔软性大为改善。其次，机械表面与纤维间的摩擦或纤维间的相互摩擦，不可避免地会引起纤维带电，当纤维与机体带有不同电荷时，会妨碍纤维的拉伸、梳理、交织、卷绕过程的顺利进行。提高空气的相对湿度，可以使纤维的比电阻降低，以增加电荷散逸的速度，从而消除静电。图6-9为某纺织车间。

湿度传感器在空气湿度调节方面的应用：人对环境湿度的反应是非常明显的，当环境湿度过低时，体表汗液蒸发量增加，皮肤会感觉过于干燥。而湿度过大时，体表出的汗不能及时、充分地蒸发掉，积于皮肤表面，使人体不舒适感加大。因此，为了提高人体热舒适性，应正确控制室内相对湿度值。人一般在45%～55%的相对湿度下感觉最舒适。图6-10为家用加湿器。

湿度传感器在通信、电子制造行业的应用：在这些行业中，为避免因空气干燥引起静电，烧坏电路板，造成线路瘫痪，从而引发事故，同时保持设备的最佳运转状态，延长设备的使用寿命，通信、电子制造行业对环境相对湿度和温度有着严格的要求。图6-11为电子制造厂使用的防静电手套。

图6-9　某纺织车间　　　　图6-10　家用加湿器　　　　图6-11　防静电手套

思考与练习

一、填空题

1. 湿度是表示_____的物理量。

2. _____越大，空气越潮湿，反之，则越干燥。因此_____表示空气的干湿程度。

3. 湿度的测量方法有_____、_____、_____等多种。

4. 湿敏元件主要有_____和_____两大类。

二、判断题

1. 日常生活中所说的湿度，其实是指绝对湿度。（　　）

2. 当天气变化时，有时会发现在地下设施（如地下室）中工作的仪器内的印制电路板漏电增大，机箱上有小水珠出现，磁粉式记录磁带结霜等，影响了仪器的正常工作。该水珠的来源是由于空气的绝对湿度基本不变，但气温下降，室内的空气相对湿度接近饱和，当接触到温度比大气更低的仪器外壳时，空气的相对湿度达到饱和状态，而凝结成水滴。（　　）

3. 人一般在45%～55%的相对湿度下感觉最舒适。（　　）

4. 湿敏电阻和湿敏电容的工作原理基本相同。（　　）

三、简答题

1. 简述绝对湿度和相对湿度的定义。
2. 简述湿度传感器的工作原理。

任务二 气敏传感器及应用

任务目标

知识目标：

1. 理解气敏传感器的工作原理。
2. 掌握气敏传感器的结构及分类。
3. 了解气敏传感器的实际应用。

能力目标：

1. 能识别各种气敏传感器。
2. 能利用气敏传感器检测酒精浓度。

素养目标：

1. 培养多角度分析问题和解决问题的能力。
2. 鼓励学生积极通过实际生产、生活中的实例达到学习知识技能的目的。

任务引入

日常生活中，交警检查酒驾时，会让驾驶员对着一个仪器吹气，以检测驾驶员是否酒驾。本任务将学习气体成分、浓度的检测方法——气敏传感器。常见的气敏元件及应用如图 6-12 所示。

a) 酒精气敏传感器　　b) 气体气敏烟雾传感器　　c) 半导体气敏元件　　d) 氧化锌微型防风林型　　e) 酒精测试仪
气敏传感器

图 6-12　常见的气敏元件及应用

知识解析

一、气敏传感器的工作原理

气敏传感器是用来检测气体类别、浓度和成分的传感器。它将气体种类及其浓度等有关的信息转换成电信号，根据这些电信号的强弱便可获得与待测气体在环境中存在情况有关的信息。

气敏传感器主要用于天然气、煤气、石油化工等部门的易燃、易爆、有毒、有害气体的监测、预报和自动控制。气敏元件是以化学物质的成分为检测参数的化学敏感元件，如图 6-13 所示。

图 6-13　各类气敏元件

二、气敏传感器的分类

由于气体种类繁多，性质各不相同，不可能用一种传感器检测所有类别的气体，因此，能实现气—电转换的传感器种类很多，按构成气敏传感器的材料可分为半导体和非半导体两大类。表 6-1 为气敏传感器的常用类型。目前实际使用最多的是半导体气敏传感器。

表 6-1　气敏传感器的常用类型

类　型	原　理	检测对象	特点
半导体式	若气体接触到加热的金属氧化物（SnO_2、Fe_2O_3、ZnO_2 等），电阻值会增大或减小	还原性气体、城市排放气体、丙烷气体等	灵敏度高，构造与电路简单，但输出与气体浓度不成比例
接触燃烧式	可燃性气体接触到氧气就会燃烧，使得作为气敏材料的铂丝温度升高，电阻值相应增大	燃烧气体	输出与气体浓度成比例，但灵敏度较低
化学反应式	利用化学溶剂与气体反应产生的电流、颜色、电导率的增加等	CO、H_2、CH_4、C_2H_5OH、SO_2 等	气体选择性好，但不能重复使用
光干涉式	利用与空气的折射率不同而产生的干涉现象	与空气折射率不同的气体，如 CO_2 等	寿命长，但选择性差
热传导式	根据热传导率差而放热的发热元件的温度降低进行检测	与空气热传导率不同的气体，如 H_2 等	构造简单，但灵敏度低，选择性差
红外线吸收散射式	由于红外线照射气体分子谐振而吸收或散射量进行检测	CO、CO_2 等	能定性测量，但装置大，价格高

三、半导体气敏传感器

1. 工作原理

半导体气敏传感器是近几年发展起来的一类气敏传感器，可测气体种类多，应用广泛，较为安全。半导体气敏传感器是利用半导体气敏元件（主要是金属氧化物）同气体接触，造成半导体的电导率等物理性质发生变化的原理来检测特定气体的成分或者浓度。图 6-14 为半导体氨气传感器。

2. 结构

半导体气敏传感器由敏感元件、加热器及防爆网等构成，如图 6-15 所示。它的敏感元件部分为 SnO_2、Fe_2O_2、ZnO_2 等金属氧化物中添加 Pt、Pd 等敏化剂构成的气敏电阻。

图 6-14 半导体氨气传感器

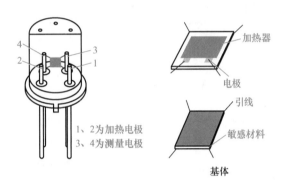

1、2为加热电极
3、4为测量电极

图 6-15 半导体气敏传感器的结构示意图

3. 分类

按照半导体变化的物理特性，半导体气敏传感器可分为电阻型和非电阻型。

电阻型半导体气敏传感器是利用敏感材料接触气体时其阻值变化来检测气体的成分或浓度。

非电阻型半导体气敏传感器是利用其他参数，如二极管的伏安特性和场效应晶体管的阈值电压变化来检测被测气体的成分或浓度。

实际应用中多采用电阻型半导体气敏传感器。电阻型半导体气敏传感器也称气敏电阻，其工作原理是利用气体在半导体表面的氧化还原反应导致敏感元件阻值变化而制成的。

气敏电阻按其材料有 N 型和 P 型之分。N 型材料有 SnO_2、ZnO、TiO 等，P 型材料有 MoO_2、CrO_3 等。当氧化型气体吸附到 N 型半导体上，还原型气体吸附到 P 型半导体上时，将使半导体载流子减少，电阻值增大；相反，当还原型气体吸附到 N 型半导体上、氧化型气体吸附到 P 型半导体上时，则载流子增多，使半导体电阻值下降。图 6-16 为半导体酒精气敏传感器。

图 6-16 半导体酒精气敏传感器

气敏电阻按加热方式可分为直热式、旁热式和自加热式三种。直热式气敏电阻是将加热丝、测量丝直接埋入 SnO_2 或 ZnO 等粉末中烧结而成的，工作时加热丝通电，测量丝用于测量器件阻值，如图 6-17 所示。旁热式气敏电阻的特点是将加热丝放置在一个陶瓷绝缘管内，管外涂梳状金电极作为测量极，在金电极外涂上 SnO_2 等材料，如图 6-18 所示。当工作电压超过一定值时，自加热式气敏电阻通过本片激发产生的热奔走现象实现加热。

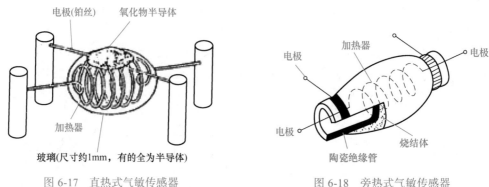

图 6-17　直热式气敏传感器　　　　图 6-18　旁热式气敏传感器

气敏电阻在工作时进行加热，目的是加速气体吸附、脱出的过程，提高器件的灵敏度和反应速度；烧去附着在探测部分的油雾、尘埃等污物，起清洁作用；控制不同的加热温度，可以增强对被测气体的选择性。在实际工作时，气敏电阻一般要加热到 $200 \sim 400℃$。

四、气敏传感器的应用

半导体气敏传感器由于具有灵敏度高、响应时间和恢复时间快、使用寿命长以及成本低等优点，得到了广泛的应用。气敏传感器按用途可分为以下类型。

1. 检漏仪（或称探测器）

检漏仪是利用气敏元件的气敏特性，将其作为电路中的气—电转换元件，配以相应的电路、指示仪表或声光显示部分而组成的气体探测仪器。这类仪器通常都要求有高灵敏度。

2. 报警器

报警器是对泄漏气体达到危险限值时自动进行报警的仪器。

3. 自动控制仪器

自动控制仪器是利用气敏元件的气敏特性实现电气设备自动控制的仪器。如电子灶烹调自动控制，换气扇自动换气控制等。

4. 测试仪器

测试仪器是利用气敏元件测量不同气体，以确定气体种类和浓度的仪器。测试仪器对气敏元件的性能要求较高，测试部分也要配以高精度测量电路。

案例分析

气敏传感器的应用

家用可燃气体报警器电路如图 6-19 所示。气 - 电转换器件采用测试回路高电压的直热式气敏电阻 TGS109。当室内可燃性气体增加时，由于气敏电阻接触到可燃性气体而使其阻值降低，这样流经回路的电流便增加，可直接驱动蜂鸣器报警。需要注意的是，在设计报警时，应合理选择开始报警浓度，选低了，灵敏度高，容易产生误报；选高了，又容易造成漏报，起不到报警效果。

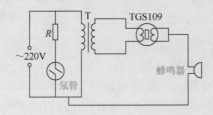

图 6-19　家用可燃气体报警器电路

在现代汽车中，电喷系统为获得高排气净化率，降低排气中一氧化碳（CO）、碳氢化合物（HC）和氮氧化合物（NO_x）成分，必须利用三元催化器。但为了能有效地使用三元催化器，必须精确地控制空燃比，使它始终接近理论空燃比。

氧传感器是利用陶瓷敏感元件测量排气管道中的氧电动势，由化学平衡原理计算出对应的氧浓度，达到监测和控制燃烧空燃比，保证尾气排放达标的测量元件。其核心元件是多孔的 ZrO_2 陶瓷管，它是一种固态电解质。如图 6-20 所示为氧传感器。

酒精检测仪是用来检测人体是否摄入酒精及摄入酒精多少程度的仪器。它可以作为交通警察执法时检测饮酒驾驶员饮酒多少的检测工具，以有效减少重大交通事故的发生；也可以用在其他场合检测人体呼出气体中的酒精含量，避免人员伤亡和财产的重大损失，如一些高危领域禁止酒后上岗的企业。图 6-21 为吹气式酒精测试仪。

图 6-20　氧传感器

图 6-21　吹气式酒精测试仪

酒精检测仪的测量原理是当具有 N 型导电性的氧化物暴露在大气中时，会由于氧气的吸附而减少其内部的电子数量使其电阻增大。如果大气中存在酒精分子这种还原性气体，它将与吸附的氧气反应，从而使氧化物内的电子数量增加，导致氧化物电阻减小。半导体酒精传感器就是通过该阻值的变化来分析酒精浓度的。

 思考与练习

一、填空题

1.气敏传感器是用来检测_____、_____和_____的传感器。

2.气敏电阻工作时必须加热到_____,其目的是_____的过程,并烧去气敏电阻表面的污物。

3._____型气敏电阻在检测还原性气体时,阻值随气体浓度的增大而_____;_____型气敏电阻在检测还原性气体时,阻值随气体浓度的增大而增大。

4.半导体气敏传感器由_____、_____和_____等构成。

二、判断题

1.气敏电阻按其材料有 N 型和 P 型之分。　　　　　　　　　　　　(　　)

2.按构成气敏传感器的材料,气敏传感器可分为半导体和非半导体两大类。(　　)

3.气敏电阻工作时必须加热到 200 ～ 3000℃,其目的是为了提高灵敏度。(　　)

4.气敏电阻按加热方式,可分为直热式、旁热式和自加热式三种。　　(　　)

三、简答题

1.简述气敏传感器的应用。

2.简述半导体气敏传感器的工作原理。

3.酒精检测报警设备常用于交通警察检查汽车驾驶员有无酒后开车,若要设计这样一种传感器还需考虑哪些环节与因素?

4.试利用气敏传感器设计一种简单的酒精浓度报警电路。

附　录

附录 A　Pt100 型铂热电阻分度表

温度 /℃	电阻值 /Ω（JJG 229—2010）R_0=100.00Ω									
	0	1	2	3	4	5	6	7	8	9
−200	18.49									
−190	22.8	22.37	21.94	21.51	21.08	20.65	20.22	19.79	19.36	18.93
−180	27.08	26.65	26.23	25.8	25.37	24.94	24.52	24.09	23.66	23.23
−170	31.32	30.9	30.47	30.05	29.63	29.2	28.78	28.35	27.93	27.5
−160	35.53	35.11	34.69	34.27	33.85	33.43	33.01	32.59	32.16	31.74
−150	39.71	39.3	38.88	38.46	38.04	37.63	37.21	36.79	36.37	35.95
−140	43.87	43.45	43.04	42.63	42.21	41.79	41.38	40.96	40.55	40.13
−130	48	47.59	47.18	46.76	46.35	45.94	45.52	45.11	44.7	44.28
−120	52.11	51.7	51.2	50.88	50.47	50.06	49.64	49.23	48.82	48.41
−110	56.19	55.78	55.38	54.97	54.56	54.15	53.74	53.33	52.92	52.52
−100	60.25	59.85	59.44	59.04	58.63	58.22	57.82	57.41	57	56.6
−90	64.3	63.9	63.49	63.09	62.68	62.28	61.87	61.47	61.06	60.66
−80	68.33	67.92	67.52	67.12	66.72	66.31	65.91	65.51	65.11	64.7
−70	72.33	71.93	71.53	71.13	70.73	70.33	69.93	69.53	69.13	68.73
−60	76.33	75.93	75.53	75.13	74.73	74.33	73.93	73.53	73.13	72.73
−50	80.31	79.91	79.51	79.11	78.72	78.32	77.92	77.52	77.13	76.73
−40	84.27	83.88	83.48	83.08	82.69	82.29	81.89	81.5	81.1	80.7
−30	88.22	87.83	87.43	87.04	86.64	86.25	85.85	85.46	85.06	84.67
−20	92.16	91.77	91.37	90.98	90.59	90.19	89.8	89.4	89.01	88.62
−10	96.09	95.69	95.3	94.91	94.52	94.12	93.75	93.34	92.95	92.55
−0	100	99.61	99.22	98.83	98.44	98.04	97.65	97.26	96.87	96.48
0	100	100.39	100.78	101.17	101.56	101.95	102.34	102.73	103.12	103.51
10	103.9	104.29	104.68	105.07	105.46	105.85	106.24	106.63	107.02	107.4
20	107.79	108.18	108.57	108.96	109.35	109.73	110.12	110.51	110.9	111.28

（续）

温度/℃	电阻值/Ω（JJG 229—2010）R_0=100.00Ω									
	0	1	2	3	4	5	6	7	8	9
30	111.67	112.06	112.45	112.83	113.22	113.61	113.99	114.38	114.77	115.15
40	115.54	115.93	116.31	116.7	117.08	117.47	117.85	118.24	118.62	119.01
50	119.4	119.78	120.16	120.55	120.93	121.32	121.7	122.09	122.47	122.86
60	123.24	123.62	124.01	124.39	124.77	125.16	125.54	125.92	126.31	126.69
70	127.07	127.45	127.84	128.22	128.6	128.98	129.37	129.75	130.13	130.51
80	130.89	131.27	131.66	132.04	132.42	132.8	133.18	133.56	133.94	134.32
90	134.7	135.08	135.46	135.84	136.22	136.6	136.98	137.36	137.74	138.12
100	138.5	138.88	139.26	139.64	140.02	140.39	140.77	141.15	141.53	141.91
110	142.29	142.66	143.04	143.42	143.8	144.17	144.55	144.93	145.31	145.68
120	146.06	146.44	146.81	147.19	147.57	147.94	148.32	148.7	149.07	149.45
130	149.82	150.2	150.57	150.95	151.33	151.7	152.08	152.45	152.83	153.2
140	153.58	153.95	154.32	154.7	155.07	155.45	155.82	156.19	156.57	156.94
150	157.31	157.69	158.06	158.43	158.81	159.18	159.55	159.93	160.3	160.67
160	161.04	161.42	161.79	162.16	162.53	162.9	163.27	163.65	164.02	164.39
170	164.76	165.13	165.5	165.87	166.14	166.61	166.98	167.35	167.72	168.09
180	168.46	168.83	169.2	169.57	169.94	170.31	170.68	171.05	171.42	171.79
190	172.16	172.53	172.9	173.26	173.63	174	174.37	174.74	175.1	175.47
200	175.84	176.21	176.57	176.94	177.31	177.68	178.04	178.41	178.78	179.14
210	179.51	179.88	180.24	180.61	180.97	181.34	181.71	182.07	182.44	182.8
220	183.17	183.53	183.9	184.26	184.63	184.99	185.36	185.72	186.09	186.45
230	186.82	187.18	187.54	187.91	188.27	188.63	189	189.36	189.72	190.09
240	190.45	190.81	191.18	191.54	191.9	192.26	192.63	192.99	193.35	193.71
250	194.07	194.44	194.8	195.16	195.52	195.88	196.24	196.6	196.96	197.33
260	197.69	198.05	198.41	198.77	199.13	199.49	199.85	200.21	200.57	200.93
270	201.29	201.65	202.01	202.36	202.72	203.08	203.44	203.8	204.16	204.52
280	204.88	205.23	205.59	205.95	206.31	206.67	207.02	207.38	207.74	208.1
190	208.45	208.81	209.17	209.52	209.88	210.24	210.59	210.95	211.31	211.66
300	212.02	212.37	212.73	213.09	213.44	213.8	214.15	214.51	214.86	215.22
310	215.57	215.93	216.28	216.64	216.99	217.35	217.7	218.05	218.41	218.76
320	219.12	219.47	219.82	220.18	220.53	220.88	221.24	221.59	221.94	222.29
330	222.65	223	223.35	223.7	224.06	224.41	224.76	225.11	225.46	225.81
340	226.17	226.52	226.87	227.22	227.57	227.92	228.27	228.62	228.97	229.32
350	229.67	230.02	230.37	230.72	231.07	231.42	231.77	232.12	232.47	232.82
360	233.17	233.52	233.87	234.22	234.56	234.91	235.26	235.61	235.96	236.31

（续）

温度/℃	电阻值/Ω（JJG 229—2010）R_0=100.00Ω									
	0	1	2	3	4	5	6	7	8	9
370	236.65	237	237.35	237.7	238.04	238.39	238.74	239.09	239.43	239.78
380	240.13	240.47	240.82	241.17	241.51	241.86	242.2	242.55	242.9	243.24
390	243.59	243.93	244.28	244.62	244.97	245.31	245.66	246	246.35	246.69
400	247.04	247.38	247.73	248.07	248.41	248.76	249.1	249.45	249.79	250.13
410	250.48	250.82	251.16	251.5	251.85	252.19	252.53	252.88	253.22	253.56
420	253.9	254.24	254.59	254.93	255.27	255.61	255.95	256.29	256.64	256.98
430	257.32	257.66	258	258.34	258.68	259.02	259.36	259.7	260.04	260.38
440	260.72	261.06	261.4	261.74	262.08	262.42	262.76	263.1	263.43	263.77
450	264.11	264.45	264.79	265.13	265.47	265.8	266.14	266.48	266.82	267.15
460	267.49	267.83	268.17	268.5	268.84	269.18	269.51	269.85	270.19	270.52
470	270.86	271.2	271.53	271.87	272.2	272.54	272.88	273.21	273.55	273.88
480	274.22	274.55	274.89	275.22	275.56	275.89	276.23	276.56	276.89	277.23
490	277.56	277.9	278.23	278.56	278.9	279.23	279.56	279.9	280.23	280.56
500	280.9	281.23	281.56	281.89	282.23	282.56	282.89	283.22	283.55	283.89
510	284.22	284.55	284.88	285.21	285.54	285.87	286.21	286.54	286.87	287.2
520	287.53	287.86	288.19	288.52	288.85	289.18	289.51	289.84	290.17	290.5
530	290.83	291.16	291.49	291.81	292.14	292.47	292.8	293.13	293.46	293.79
540	294.11	294.44	294.77	295.1	295.43	295.75	296.08	296.41	296.74	297.06
550	297.39	297.72	298.04	298.37	298.7	299.02	299.35	299.68	300	300.33
560	300.65	300.98	301.31	301.63	301.96	302.28	302.61	302.93	303.26	303.58
570	303.91	304.23	304.56	304.88	305.2	305.53	305.85	306.18	306.5	306.82
580	307.15	307.47	307.79	308.12	308.44	308.76	309.09	309.41	309.73	310.05
590	310.38	310.7	311.02	311.34	311.67	311.99	312.31	312.63	312.95	313.27
600	313.59	313.92	314.24	314.56	314.88	315.2	315.52	315.84	316.16	316.48
610	316.8	317.12	317.44	317.76	318.08	318.4	318.72	319.04	319.36	319.68
620	319.99	320.31	320.63	320.95	321.27	321.59	321.91	322.22	322.54	322.86
630	323.18	323.49	323.81	324.13	324.45	324.76	325.08	325.4	325.72	326.03
640	326.35	326.66	326.98	327.3	327.61	327.93	328.25	328.56	328.88	329.19
650	329.51	329.82	330.14	330.45	330.77	331.08	331.4	331.71	332.03	332.34
660	332.66	332.97	333.28	333.6	333.91	334.23	334.54	334.85	335.17	335.48
670	335.79	336.11	336.42	336.73	337.04	337.36	337.67	337.98	338.29	338.61
680	338.92	339.23	339.54	339.85	340.16	340.48	340.79	341.1	341.41	341.72
690	342.03	342.34	342.65	342.96	343.27	343.58	343.89	344.2	344.51	344.82
700	345.13	345.44	345.75	346.06	346.37	346.68	346.99	347.3	347.6	347.91

（续）

温度/℃	电阻值/Ω（JJG 229—2010）R_0=100.00Ω									
	0	1	2	3	4	5	6	7	8	9
710	348.22	348.53	348.84	349.15	349.45	349.76	350.07	350.38	350.69	350.99
720	351.3	351.61	351.91	352.22	352.53	352.83	353.14	353.45	353.75	354.06
730	354.37	354.67	354.98	355.28	355.59	355.9	356.2	356.51	356.81	357.12
740	357.42	357.73	358.03	358.34	358.64	358.95	359.25	359.55	359.86	360.16
750	360.47	360.77	361.07	361.38	361.68	361.98	362.29	362.59	362.89	363.19
760	363.5	368.8	364.1	364.4	364.71	365.01	365.31	365.61	365.91	366.22
770	366.52	366.82	367.12	367.42	367.72	368.02	368.32	368.63	368.93	369.23
780	369.53	369.83	370.13	370.43	370.73	371.03	371.33	371.63	371.93	372.22
790	372.52	372.82	373.12	373.42	373.72	374.02	374.32	374.61	374.91	375.21
800	375.51	375.81	376.1	376.4	376.7	377	377.2	377.59	377.89	378.19
810	378.48	378.78	379.08	379.37	379.67	379.97	380.26	380.56	380.85	381.15
820	381.45	381.74	382.04	382.33	382.63	382.92	383.22	383.51	383.81	384.1
830	384.4	384.69	384.98	385.28	385.57	385.87	386.16	386.45	386.75	387.04
840	387.34	387.63	387.92	388.21	388.51	388.8	389.09	389.39	389.68	389.97
850	390.26									

附录 B Cu50 型铜热电阻分度表

温度/℃	电阻值/Ω（JJG 229—2010）R_0=50.000Ω									
	0	−1	−2	−3	−4	−5	−6	−7	−8	−9
0	50	49.786	49.571	49.356	49.142	48.927	48.713	48.498	48.284	48.069
−10	47.854	47.639	47.425	47.21	46.995	46.78	46.566	46.351	46.136	45.921
−20	45.706	45.491	45.276	45.061	44.846	44.631	44.416	44.2	43.985	43.77
−30	43.555	43.349	43.124	42.909	42.693	42.478	42.262	42.047	41.831	41.616
−40	41.4	41.184	40.969	40.753	40.537	40.322	40.106	39.89	39.674	39.458
−50	39.242									
0	50	50.214	50.429	50.643	50.858	51.072	51.286	51.501	51.715	51.929
10	52.144	52.358	52.572	52.786	53	53.215	53.429	53.643	53.857	54.071
20	54.285	54.5	54.714	54.928	55.142	55.356	55.57	55.784	55.998	56.212
30	56.426	56.64	56.854	57.068	57.282	57.496	57.71	57.924	58.137	58.351
40	58.565	58.779	58.993	59.207	59.421	59.635	59.848	60.062	60.276	60.49
50	60.704	60.918	61.132	61.345	61.559	61.773	61.987	62.201	62.415	62.628
60	62.842	63.056	63.27	63.484	63.698	63.911	64.125	64.339	64.553	64.767

（续）

温度/℃	电阻值/Ω（JJG 229—2010）R_0=50.000Ω									
	0	−1	−2	−3	−4	−5	−6	−7	−8	−9
70	64.981	65.194	65.408	65.622	65.836	66.05	66.264	66.478	66.692	66.906
80	67.12	67.333	67.547	67.761	67.975	68.189	68.403	68.617	68.831	69.045
90	69.259	69.473	69.687	69.901	70.115	70.329	70.544	70.762	70.972	71.186
100	71.4	71.614	71.828	72.042	72.257	72.471	72.685	72.899	73.114	73.328
110	73.542	73.751	73.971	74.185	74.4	74.614	74.828	75.043	75.258	75.477
120	75.686	75.901	76.115	76.33	76.545	76.759	76.974	77.189	77.404	77.618
130	77.833	78.048	78.263	78.477	78.692	78.907	79.122	79.337	79.552	79.767
140	79.982	80.197	80.412	80.627	80.843	81.058	81.272	81.488	81.704	81.919
150	82.134									

附录 C　K 型热电偶分度表

温度/℃	热电动势/mV（JJG 1637—2017）参考端温度为0℃									
	0	1	2	3	4	5	6	7	8	9
−50	−1.889	−1.925	−1.961	−1.996	−2.032	−2.067	−2.102	−2.137	−2.173	−2.208
−40	−1.527	−1.563	−1.6	−1.636	−1.673	−1.709	−1.745	−1.781	−1.817	−1.853
−30	−1.156	−1.193	−1.231	−1.268	−1.305	−1.342	−1.379	−1.416	−1.453	−1.49
−20	−0.777	−0.816	−0.854	−0.892	−0.93	−0.968	−1.005	−1.043	−1.081	−1.118
−10	−0.392	−0.431	−0.469	−0.508	−0.547	−0.585	−0.624	−0.662	−0.701	−0.739
0	0	−0.039	−0.079	0.118	−0.157	−0.197	0.236	−0.275	−0.314	−0.353
0	0	0.039	0.079	0.119	0.158	0.198	0.238	0.277	0.317	0.357
10	0.397	0.437	0.477	0.517	0.557	0.597	0.637	0.677	0.718	0.758
20	0.798	0.838	0.879	0.919	0.96	1	1.041	1.081	1.122	1.162
30	1.203	1.244	1.285	1.325	1.366	1.407	1.448	1.489	1.529	1.57
40	1.611	1.652	1.693	1.734	1.776	1.817	1.858	1.899	1.94	1.981
50	2.022	2.064	2.105	2.146	2.188	2.229	2.27	2.312	2.353	2.394
60	2.436	2.477	2.519	2.56	2.601	2.643	2.684	2.726	2.767	2.809
70	2.85	2.892	2.933	2.875	3.016	3.058	3.1	3.141	3.183	3.224
80	3.266	3.307	3.349	3.39	3.432	3.473	3.515	3.556	3.598	3.639
90	3.681	3.722	3.764	3.805	3.847	3.888	3.93	3.971	4.012	4.054
100	4.095	4.137	4.178	4.219	4.261	4.302	4.343	4.384	4.426	4.467
110	4.508	4.549	4.59	4.632	4.673	4.714	4.755	4.796	4.837	4.878
120	4.919	4.96	5.001	5.042	5.083	5.124	5.164	5.205	5.246	5.287

（续）

温度/℃	热电动势 /mV（JJG 1637—2017）参考端温度为 0℃									
	0	1	2	3	4	5	6	7	8	9
130	5.327	5.368	5.409	5.45	5.49	5.531	5.571	5.612	5.652	5.693
140	5.733	5.774	5.814	5.855	5.895	5.936	5.976	6.016	6.057	6.097
150	6.137	6.177	6.218	6.258	6.298	6.338	6.378	6.419	6.459	6.499
160	6.539	6.579	6.619	6.659	6.699	6.739	6.779	6.819	6.859	6.899
170	6.939	6.979	7.019	7.059	7.099	7.139	7.179	7.219	7.259	7.299
180	7.338	7.378	7.418	7.458	7.498	7.538	7.578	7.618	7.658	7.697
190	7.737	7.777	7.817	7.857	7.897	7.937	7.977	8.017	8.057	8.097
200	8.137	8.177	8.216	8.256	8.296	8.336	8.376	8.416	8.456	8.497
210	8.537	8.577	8.617	8.657	8.697	8.737	8.777	8.817	8.857	8.898
220	8.938	8.978	9.018	9.058	9.099	9.139	9.179	9.22	9.26	9.3
230	9.341	9.381	9.421	9.462	9.502	9.543	9.583	9.624	9.664	9.705
240	9.745	9.786	9.826	9.867	9.907	9.948	9.989	10.029	10.07	10.111
250	10.151	10.192	10.233	10.274	10.315	10.355	10.396	10.437	10.478	10.519
260	10.56	10.6	10.641	10.882	10.723	10.764	10.805	10.848	10.887	10.928
270	10.969	11.01	11.051	11.093	11.134	11.175	11.216	11.257	11.298	11.339
280	11.381	11.422	11.463	11.504	11.545	11.587	11.628	11.669	11.711	11.752
290	11.793	11.835	11.876	11.918	11.959	12	12.042	12.083	12.125	12.166
300	12.207	12.249	12.29	12.332	12.373	12.415	12.456	12.498	12.539	12.581
310	12.623	12.664	12.706	12.747	12.789	12.831	12.872	12.914	12.955	12.997
320	13.039	13.08	13.122	13.164	13.205	13.247	13.289	13.331	13.372	13.414
330	13.456	13.497	13.539	13.581	13.623	13.665	13.706	13.748	13.79	13.832
340	13.874	13.915	13.957	13.999	14.041	14.083	14.125	14.167	14.208	14.25
350	14.292	14.334	14.376	14.418	14.46	14.502	14.544	14.586	14.628	14.67
360	14.712	14.754	14.796	14.838	14.88	14.922	14.964	15.006	15.048	15.09
370	15.132	15.174	15.216	15.258	15.3	15.342	15.394	15.426	15.468	15.51
380	15.552	15.594	15.636	15.679	15.721	15.763	15.805	15.847	15.889	15.931
390	15.974	16.016	16.058	16.1	16.142	16.184	16.227	16.269	16.311	16.353
400	16.395	16.438	16.48	16.522	16.564	16.607	16.649	16.691	16.733	16.776
410	16.818	16.86	16.902	16.945	16.987	17.029	17.072	17.114	17.156	17.199
420	17.241	17.283	17.326	17.368	17.41	17.453	17.495	17.537	17.58	17.622
430	17.664	17.707	17.749	17.792	17.834	17.876	17.919	17.961	18.004	18.046
440	18.088	18.131	18.173	18.216	18.258	18.301	18.343	18.385	18.428	18.47
450	18.513	18.555	18.598	18.64	18.683	18.725	18.768	18.81	18.853	18.896
460	18.938	18.98	19.023	19.065	19.108	19.15	19.193	19.235	19.278	19.32

（续）

温度/℃	热电动势/mV（JJG 1637—2017）参考端温度为0℃									
	0	1	2	3	4	5	6	7	8	9
470	19.363	19.405	19.448	19.49	19.533	19.576	19.618	19.661	19.703	19.746
480	19.788	19.831	19.873	19.916	19.959	20.001	20.044	20.086	20.129	20.172
490	20.214	20.257	20.299	20.342	20.385	20.427	20.47	20.512	20.555	20.598
500	20.64	20.683	20.725	20.768	20.811	20.853	20.896	20.938	20.981	21.024
510	21.066	21.109	21.152	21.194	21.237	21.28	21.322	21.365	21.407	21.45
520	21.493	21.535	21.578	21.621	21.663	21.706	21.749	21.791	21.834	21.876
530	21.919	21.962	22.004	22.047	22.09	22.132	22.175	22.218	22.26	22.303
540	22.346	22.388	22.431	22.473	22.516	22.559	22.601	22.644	22.687	22.729
550	22.772	22.815	22.857	22.9	22.942	22.985	23.028	23.07	23.113	23.156
560	23.198	23.241	23.284	23.326	23.369	23.411	23.454	23.497	23.539	23.582
570	23.624	23.667	23.71	23.752	23.795	23.837	23.88	23.923	23.965	24.008
580	24.05	24.093	24.136	24.178	24.221	24.263	24.306	24.348	24.391	24.434
590	24.476	24.519	24.561	24.604	24.646	24.689	24.731	24.774	24.817	24.859
600	24.902	24.944	24.987	25.029	25.072	25.114	25.157	25.199	25.242	25.284
610	25.327	25.369	25.412	25.454	25.497	25.539	25.582	25.624	25.666	25.709
620	25.751	25.794	25.836	25.879	25.921	25.964	26.006	26.048	26.091	26.133
630	26.176	26.218	26.26	26.303	26.345	26.387	26.43	26.472	26.515	26.557
640	26.599	26.642	26.684	26.726	26.769	26.811	26.853	26.896	26.938	26.98
650	27.022	27.065	27.107	27.149	27.192	27.234	27.276	27.318	27.361	27.403
660	27.445	27.487	27.529	27.572	27.614	27.656	27.698	27.74	27.783	27.825
670	27.867	27.909	27.951	27.993	28.035	28.078	28.12	28.162	28.204	28.246
680	28.288	28.33	28.372	28.414	28.456	28.498	28.54	28.583	28.625	28.667
690	28.709	28.751	28.793	28.835	28.877	28.919	28.961	29.002	29.044	29.086
700	29.128	29.17	29.212	29.264	29.296	29.338	29.38	29.422	29.464	29.505
710	29.547	29.589	29.631	29.673	29.715	29.756	29.798	29.84	29.882	29.924
720	29.965	30.007	30.049	30.091	30.132	30.174	30.216	20.257	30.299	30.341
730	30.383	30.424	30.466	30.508	30.549	30.591	30.632	30.674	30.716	30.757
740	30.799	30.84	30.882	30.924	30.965	31.007	31.048	31.09	31.131	31.173
750	31.214	31.256	31.297	31.339	31.38	31.422	31.463	31.504	31.546	31.587
760	31.629	31.67	31.712	31.753	31.794	31.836	31.877	31.918	31.96	32.001
770	32.042	32.084	32.125	32.166	32.207	32.249	32.29	32.331	32.372	32.414
780	32.455	32.496	32.537	32.578	32.619	32.661	32.702	32.743	32.784	32.825
790	32.866	32.907	32.948	32.99	33.031	33.072	33.113	33.154	33.195	33.236
800	33.277	33.318	33.359	33.4	33.441	33.482	33.523	33.564	33.606	33.645

（续）

温度/℃	热电动势/mV（JJG 1637—2017）参考端温度为0℃									
	0	1	2	3	4	5	6	7	8	9
810	33.686	33.727	33.768	33.809	33.85	33.891	33.931	33.972	34.013	34.054
820	34.095	34.136	34.176	34.217	34.258	34.299	34.339	34.38	34.421	34.461
830	34.502	34.543	34.583	34.624	34.665	34.705	34.746	34.787	34.827	34.868
840	34.909	34.949	34.99	35.03	35.071	35.111	35.152	35.192	35.233	35.273
850	35.314	35.354	35.395	35.435	35.476	35.516	35.557	35.597	35.637	35.678
860	35.718	35.758	35.799	35.839	35.88	35.92	35.96	36	36.041	36.081
870	36.121	36.162	36.202	36.242	36.282	36.323	36.363	36.403	36.443	36.483
880	36.524	36.564	36.604	36.644	36.684	36.724	36.764	36.804	36.844	36.885
890	36.925	36.965	37.005	37.045	37.085	37.125	37.165	37.205	37.245	37.285
900	37.325	37.365	37.405	37.443	37.484	37.524	37.564	37.604	37.644	37.684
910	37.724	37.764	37.833	37.843	37.883	37.923	37.963	38.002	38.042	

附录D　E型热电偶分度表

温度/℃	热电动势/mV 参考端温度为0℃									
	0	−1	−2	−3	−4	−5	−6	−7	−8	−9
0	0	−0.059	−0.117	−0.176	−0.234	−0.292	−0.35	−0.408	−0.466	−0.524
−10	−0.582	−0.639	−0.697	−0.754	−0.811	−0.868	−0.925	−0.982	−1.039	−1.095
−20	−1.152	−1.208	−1.264	−1.32	−1.376	−1.432	−1.488	−1.543	−1.599	−1.654
0	0	0.059	0.118	0.176	0.235	0.294	0.354	0.413	0.472	0.532
10	0.591	0.651	0.711	0.77	0.83	0.89	0.95	1.01	1.071	1.131
20	1.192	1.252	1.313	1.373	1.434	1.495	1.556	1.617	1.678	1.74
30	1.801	1.862	1.924	1.986	2.047	2.109	2.171	2.233	2.295	2.357
40	2.42	2.482	2.545	2.607	2.67	2.733	2.795	2.858	2.921	2.984
50	3.048	3.111	3.174	3.238	3.301	3.365	3.429	3.492	3.556	3.62
60	3.685	3.749	3.813	3.877	3.942	4.006	4.071	4.136	4.2	4.265
70	4.33	4.395	4.46	4.526	4.591	4.656	4.722	4.788	4.853	4.919
80	4.985	5.051	5.117	5.183	5.249	5.315	5.382	5.448	5.514	5.581
90	5.648	5.714	5.781	5.848	5.915	5.982	6.049	6.117	6.184	6.251
100	6.319	36.386	6.454	6.522	6.59	6.658	6.725	6.794	6.862	6.93
110	6.998	7.066	7.135	7.203	7.272	7.341	7.409	7.478	7.547	7.616
120	7.685	7.754	7.823	7.892	7.962	8.031	8.101	8.17	8.24	8.309
130	8.379	8.449	8.519	8.589	8.659	8.729	8.799	8.869	8.94	9.01

（续）

温度/℃	热电动势/mV 参考端温度为0℃									
	0	-1	-2	-3	-4	-5	-6	-7	-8	-9
140	9.081	9.151	9.222	9.292	9.363	9.434	9.505	9.576	9.647	9.718
150	9.789	9.86	9.931	10.003	10.074	10.145	10.217	10.288	10.36	10.432
160	10.503	10.575	10.647	10.719	10.791	10.863	10.935	11.007	11.08	11.152
170	11.224	11.297	11.369	11.442	11.514	11.587	11.66	11.733	11.805	11.878
180	11.951	12.024	12.097	12.17	12.243	12.317	12.39	12.463	12.537	12.61
190	12.684	12.757	12.831	12.904	12.978	13.052	13.126	13.199	13.273	13.347
200	13.421	13.495	13.569	13.644	13.718	13.792	13.866	13.941	14.015	14.09
210	14.164	14.239	14.313	14.388	14.463	14.537	14.612	14.687	14.762	14.837
220	14.912	14.987	15.062	15.137	15.212	15.287	15.362	15.438	15.513	15.588
230	15.664	15.739	15.815	15.89	15.966	16.041	16.117	16.193	16.269	16.344
240	16.42	16.496	16.572	16.648	16.724	16.8	16.876	16.952	17.028	17.104
250	17.181	17.257	17.333	17.409	17.486	17.562	17.639	17.715	17.792	17.868
260	17.945	18.021	18.098	18.175	18.252	18.328	18.405	18.482	18.559	18.636
270	18.713	18.79	18.867	18.944	19.021	19.098	19.175	19.252	19.33	19.407
280	19.484	19.561	19.639	19.716	19.794	19.871	19.948	20.026	20.103	20.181
290	20.259	20.336	20.414	20.492	20.569	20.647	20.725	20.803	20.88	20.958
300	21.036	21.114	21.192	21.27	21.348	21.426	21.504	21.582	21.66	21.739
310	21.817	21.895	21.973	22.051	55.13	22.208	22.286	22.365	22.443	22.522
320	22.6	22.678	22.757	22.835	22.914	22.993	23.071	23.15	23.228	23.307
330	23.386	23.464	23.543	23.622	23.701	23.78	23.858	23.937	24.016	24.095
340	24.174	24.253	24.332	24.411	24.49	24.569	24.648	24.727	24.806	24.885
350	24.964	25.044	25.123	25.202	25.281	25.36	25.44	25.519	25.598	25.678
360	25.757	25.836	25.916	25.995	26.075	26.154	26.233	26.313	26.392	26.472
370	26.552	26.631	26.711	26.79	26.87	26.95	27.029	27.109	27.189	27.268
380	27.348	27.428	27.507	27.587	27.667	27.747	27.827	27.907	27.986	28.066
390	28.146	28.226	28.306	28.386	28.466	28.546	28.626	28.706	28.786	28.866
400	28.946	29.026	29.106	29.186	29.266	29.346	29.427	29.507	29.587	29.667
410	29.747	29.827	29.908	29.988	30.068	30.148	30.229	30.309	30.389	30.47
420	30.55	30.63	30.711	30.791	30.871	30.952	31.032	31.112	31.193	31.273
430	31.354	31.434	31.515	31.595	31.676	31.756	31.837	31.917	31.998	32.078
440	32.159	32.239	32.32	32.4	32.481	32.562	32.642	32.723	32.803	32.884
450	32.965	33.045	33.126	33.027	33.287	33.368	33.449	33.529	33.61	33.691
460	33.772	33.852	33.933	34.014	34.095	37.175	34.256	34.337	34.418	34.498
470	34.579	34.66	34.741	34.822	34.902	34.983	35.064	35.145	35.226	35.307

（续）

温度/℃	热电动势/mV 参考端温度为0℃									
	0	-1	-2	-3	-4	-5	-6	-7	-8	-9
480	35.387	35.468	35.549	35.63	35.711	35.792	35.873	35.954	36.034	36.115
490	36.196	36.277	36.358	36.439	36.52	36.601	36.682	36.763	36.843	36.924
500	37.005	37.086	37.167	37.248	37.329	37.41	37.491	37.572	37.653	67.734
510	37.815	37.896	37.977	38.058	38.139	38.22	38.3	38.381	38.462	38.543
520	38.624	38.705	38.786	38.867	38.948	39.029	39.11	39.191	39.272	39.353
530	39.434	39.515	39.596	39.677	39.758	39.839	39.92	40.001	40.082	40.163
540	40.243	40.324	40.405	40.486	40.567	40.648	40.729	40.81	40.891	40.972
550	41.053	41.134	41.215	41.296	41.377	41.457	41.538	41.619	41.7	41.781
560	41.862	41.943	42.024	42.105	42.185	42.266	42.347	42.428	42.509	42.59
570	42.671	42.751	42.832	42.913	42.994	43.075	43.156	43.236	43.317	43.398
580	43.479	43.56	43.64	43.721	43.802	43.883	43.963	44.044	44.125	44.206
590	44.286	44.367	44.448	44.529	44.609	44.69	44.771	44.851	44.932	45.013
600	45.093	45.174	45.255	45.335	45.416	45.497	45.577	45.658	45.738	45.819
610	45.9	45.98	46.061	46.141	46.222	46.302	46.383	46.463	46.544	46.624
620	46.705	46.785	46.866	46.946	47.027	47.107	47.188	47.268	47.349	47.429
630	47.509	47.59	47.67	47.751	47.831	47.911	47.992	48.072	48.152	48.233
640	48.313	48.393	48.474	48.554	48.634	48.715	48.795	48.875	48.955	49.035
650	49.116	49.196	49.276	49.356	49.436	49.517	49.597	49.677	49.757	49.837
660	49.917	49.997	50.077	50.157	50.238	50.318	50.398	50.478	50.558	50.638
670	50.718	50.798	50.878	50.958	51.038	51.118	51.197	51.277	51.357	51.437
680	51.517	51.597	51.677	51.757	51.837	51.916	51.996	52.076	52.156	52.236
690	52.315	52.395	52.475	52.555	52.634	52.714	52.794	52.873	52.953	53.033
700	53.112	53.192	53.272	53.351	53.431	53.51	53.59	53.67	53.749	53.829
710	53.908	53.988	54.067	54.147	54.226	54.306	54.385	54.465	54.544	54.624
720	54.703	54.782	54.862	54.941	55.021	55.1	55.179	55.259	55.338	55.417
730	55.497	55.576	55.655	55.734	55.814	55.893	55.972	56.051	56.131	56.21
740	56.289	56.368	56.447	56.526	56.606	56.685	56.764	56.843	56.922	57.001
750	57.08	57.159	57.238	57.317	57.396	57.475	57.554	57.633	57.712	57.791
760	57.87	57.949	58.028	58.107	58.186	58.265	58.343	58.422	58.501	58.58
770	58.659	58.738	58.816	58.895	58.974	59.053	59.131	59.21	59.289	59.367
780	59.446	59.525	59.604	59.682	59.761	59.839	59.918	59.997	60.075	60.154
790	60.232	60.311	60.39	60.468	60.547	60.625	60.704	60.782	60.86	60.939
800	61.017	61.096	61.174	61.253	61.331	61.409	61.488	61.566	61.644	61.723
810	61.801	61.879	61.958	62.036	62.114	62.192	62.271	62.349	62.427	62.505

（续）

温度/℃	热电动势 /mV 参考端温度为 0℃									
	0	-1	-2	-3	-4	-5	-6	-7	-8	-9
820	62.583	62.662	62.74	62.818	62.896	62.974	63.052	63.13	63.208	63.286
830	63.364	63.442	63.52	63.598	63.676	63.754	63.832	63.91	63.988	64.066
840	64.144	64.222	64.3	64.377	64.455	64.533	64.611	64.689	64.766	64.844
850	64.922	65	65.077	65.155	65.233	65.31	65.388	65.465	65.543	65.621
860	65.698	65.776	65.853	65.931	66.008	66.086	66.163	66.241	66.318	66.396
870	66.473	66.55	66.628	66.705	66.782	66.86	66.937	67.014	67.092	67.169
880	67.246	67.323	67.4	67.478	67.555	67.632	67.709	67.786	67.863	67.94
890	68.017	68.094	68.171	68.248	68.325	68.402	68.479	68.556	68.633	68.71
900	68.787	68.863	68.94	69.017	69.094	69.171	69.247	69.324	69.401	69.477
910	69.554	69.631	69.707	69.784	69.86	69.937	70.013	70.09	70.166	70.243
920	70.319	70.396	70.472	70.548	70.625	70.701	70.777	70.854	70.93	71.006
930	71.082	71.159	71.235	71.311	71.387	71.463	71.539	71.615	71.692	71.768
940	71.844	71.92	71.996	72.072	72.147	72.223	72.299	72.375	72.451	72.527
950	72.603	72.678	72.754	72.83	72.906	72.981	73.057	73.133	73.208	73.284
960	73.36	73.435	73.511	73.586	73.662	73.738	73.813	73.889	73.964	74.04
970	74.115	74.19	74.266	74.341	74.417	74.492	74.567	74.643	74.718	74.793
980	74.869	74.944	75.019	75.095	75.17	75.245	75.32	75.395	75.471	75.546
990	75.621	75.696	75.771	75.847	75.922	75.997	76.072	76.147	76.223	76.298
1000	76.373									

参 考 文 献

．传感器原理及应用［M］.4 版 . 北京：机械工业出版社，2023.

君蓉 . 传感器技术及应用［M］. 北京：高等教育出版社，2010.

陈键 . 传感器及应用［M］. 北京：北京理工大学出版社，2009.

谢文和 . 传感器及其应用：电子技术应用专业［M］. 北京：高等教育出版社，2003.

何希才，薛永毅 . 传感器及其应用实例［M］. 北京：机械工业出版社，2004.

［6］刘伦富，周志文 . 传感器应用技术［M］.2 版 . 北京：机械工业出版社，2021.

［7］吴旗 . 传感器及应用：机电技术应用专业［M］.2 版 . 北京：高等教育出版社，2010.

［8］徐宏伟，周润景，陈萌 . 常用传感器技术及应用［M］. 北京：电子工业出版社，2017.

［9］张米雅 . 传感器应用技术［M］. 北京：北京理工大学出版社，2014.

［10］宋文绪，杨帆 . 传感器与检测技术［M］.2 版 . 北京：高等教育出版社，2009.

［11］松井邦彦 . 传感器应用技巧 141 例［M］. 梁瑞林，译 . 北京：科学出版社，2006.

［12］王云汉，谢志平，李荣隽 . 传感器技术应用［M］. 北京：电子工业出版社，2014.